CONTROL
EMOTION

OPEN

NON-ANXIOUS LIFE

掌控
情绪

李少聪——编著

开启不焦虑的人生

新华出版社

图书在版编目（CIP）数据

掌控情绪：开启不焦虑的人生 / 李少聪编著. ——北京：新华出版社，2019.11

ISBN 978-7-5166-4969-5

Ⅰ.①掌… Ⅱ.①李… Ⅲ.①情绪－自我控制－通俗读物 Ⅳ.①B842.6-49

中国版本图书馆CIP数据核字(2019)第255380号

掌控情绪：开启不焦虑的人生

作　　者：李少聪

责任编辑：唐波勇　　　　　　　　图书策划：郑书凤
装帧设计：赵志军

出版发行：新华出版社
地　　址：北京石景山区京原路8号　　　邮　编：100040
网　　址：http://www.xinhuapub.com
经　　销：新华书店
购书热线：010-56718725　　13051882866

照　　排：新华出版社照排中心
印　　刷：河北涿州市京南印刷厂

成品尺寸：170mm×240mm
印　　张：17　　　　　　　　　　　字　数：268千字
版　　次：2019年12月第一版　　　　印　次：2019年12月第一次印刷
书　　号：ISBN 978-7-5166-4969-5
定　　价：49.80元

　　情绪是个体对外界刺激的主观的有意识的体验和感受，具有心理和生理反应的特征。情绪是身体对行为成功的可能性乃至必然性，在生理反应上的评价和体验，包括喜、怒、忧、思、悲、恐、惊等。情绪一般只划分为积极情绪、消极情绪。坏情绪不可能被完全消灭，但可以进行有效疏导、有效管理、适度控制。

　　现实生活中，每一个人的生活、感情、工作、事业等都不会一帆风顺，总会有些不如意的地方让我们的产生消极情绪。掌控情绪重要的一点就是要摆正好心态，认清自己的优势和短板，不自大但也不必自卑。比如，有些人总觉得自己很优秀，自以为是的挑剔别人，这就必然会产生一些负面的情绪。遇事需要客观的认清事实，自己未必就那么完美，别人也未必那么不堪。然后再看待事物的态度和格局就会截然不同。

　　有些人会盲目地和优秀、成功人士去比较，就会产生自卑焦虑的心理。这个时候我们必须认清自己的不足，学会与现实和解，与自己和解。当感觉自己的能力不足、焦虑或不安的时候，就要不断地学习和充实提高自己。而非每天无谓的抱怨唠叨，这就无法解决问题和改变现状。

　　一位哲学家曾说："一个稳定平和的情绪，比一百种智慧更有力量。"我们做事情常常会受制于情绪，心情舒畅做什么都胸有成竹，心中郁闷便像炸药桶般一点火就着。优秀的人都是掌控情绪的高手，无论周遭发生什么样的事情，他们都会遵从自己的内心，绝个会被情绪所主宰和奴役。

　　愤怒的时候，最重要最正确的做法是控制和冷静。比如不放任愤怒情绪的肆虐，不归因于外在环境或者人，多从自身反思，换位思考、照顾他人的情绪。从而让内心平静下来，生活中会少去很多愤怒的火焰。

　　悲伤的时候，要想方设法引导自己远离痛苦。其实每个人都会有难过的时候，既然避免不了，那么我们就要学会从容或转移注意力，熬过了最艰难的时刻，阳光便洒进内心。最终我们会发现，曾经让自己痛不欲生的悲伤也不过如此。

　　当功名利禄诱惑而内心不安的时候，学会以淡定的心态看清功名、金钱、欲望，不以物喜、不以己悲，顺其自然就是最好。

　　想想自己是不是已经沦为了"穷忙一族"？每天都在和时间赛跑？拼命工作

的同时，我们患上"快节奏综合症"，心情沉重无比，身体疲惫不堪。这个时候，要明白并不是每件事都值得我们去做，远离瞎忙才能保持心灵轻松宁静，用一种享受生活的心态重新起航。

有时候我们经常把"气死我了"挂在嘴边，可能因为别人不经意的一句话而生闷气。其实别人未必心存恶意，只是我们内心太过敏感。与其用对别人的不满来为难自己，倒不如包容别人，也放过自己。

因为内心浮躁，我们总习惯于和别人进行比较：职位、收入、房子、车子……盲目地比较加剧了内心的不平衡。当我们在羡慕别人的时候，别人又何尝不是在羡慕我们呢？看着别人年纪轻轻功成名就，内心似乎早已慌乱。与其临渊羡鱼，不如退而结网。想要的东西只凭羡慕永远得不到的，不如用自己的努力和实力去实现。

很多人认为将喜怒哀乐表现在脸上，这是一份真性情。实际上过多的负面情绪会分散注意力，干扰人们对于事情的认知，受情绪影响越大，越容易产生认知偏差。比如，在面临重要考验或选择时，如果不能够及时控制情绪，很有可能表现失常，只有调节自己、掌控情绪，才能专注于事情本身，做出正确的取舍。

人心或喜、或悲、或惊、或忧，成熟与优秀的人不是没有情绪，而是他懂得控制自己的情绪，不被情绪所左右。凡事不诋毁、不添堵、不恶意揣度、不妄自菲薄、不受制于外在的事物。当我们能控制自己的情绪时，即使在黑暗中也能微笑着面对人生。

世上没有绝对的强者，也没有绝对的弱者。强者之所以成为强者，弱者之所以成为弱者，最大的差别就在于他们的情绪自控能力。生活中不可能永远事事如意，一帆风顺，情绪有跌宕起伏再正常不过。请记住：能控制自己情绪的人，方可控制人生。愿你真正成为抗得住干扰、抵得住诱惑、顶得住压力的情绪控制高手。

古希腊哲学家苏格拉底曾说："谁不能主宰自己的情绪，谁就永远是一个奴隶，想左右天下的人，须先左右自己的情绪。"情绪看似没有直接作用于事件本身，却影响着我们的生活质量。无论是悲伤、郁闷、愤怒、生气、还是焦虑，我们应该学着掌控和驾驭，从而开启不焦虑的人生。

·目 录·
Catalogue

克制自己愤怒的情绪。但是有人统计过，齐达内在职业生涯里一共吃了 14 张红牌，其中有很多次都是因为他无法忍受对方的侮辱侵犯。马特拉齐很了解他的脾气，所以在决赛上故意惹怒他，迫使他恶意犯规。不过也有人说，齐达内只有在赛场上才会吃红牌，除此之外他很少发脾气，在生活中也一直是个与世无争的人。

大陆板块之间的运动挤压到一定程度时就会发生地震；河水的冲击力经过长年累月的积累，也会冲毁坚固的河堤。我们内心的压力一旦爆发，只会伤及自己和我们最亲近的人。所以说，忍耐并不是最好解决问题的办法，最终很可能是对自己的伤害。

一味地忍让并不是积极正确的处世态度和方式。生活中，我们会遇到很多不如意的事情，因此会产生很多负面的情绪。当你发泄完情绪之后，发现事情依然没有得到更好的解决，甚至会更加糟糕。正确的方式就是，心平气和冷静下来并找出原因，拿出正确积极的方法和策略来解决事情，这才是可取之道。有时候小情绪也可能会酿成大麻烦，所以我们需要不时排空积聚在心中的压力。

人们总说生活要有正能量，不要有负能量。正能量的效果往往比较缓慢，一时半会看不到，负能量爆发的时候来得迅猛。看看那些发黄发霉的果核，好像躺在垃圾桶里没了色泽，也没有了生机，但是翻一翻它，马上就会飞出一团蚊蝇。果核生出蚊蝇是因为该倒的垃圾没有及时清理，人的内心生出坏情绪就是内心的垃圾没有及时清洗。洗涤内心，需要先尊重自己的情绪。情绪的波浪来的时候该疏导就要疏导，要当机立断地想出措施去控制情绪，而不是等情绪来影响决定。

在电影《阿甘正传》中，阿甘上学时为了躲开孩子们的欺负经常奔跑，渐渐的，他习惯了在遇到欺负与磨难时通过跑步来转移注意力。他跑得越来越快，这项天赋被彻底激活后，他顺利地成为一名橄榄球运动员。后来阿甘入伍去了越南战场，在战场上，他遇到了埋伏。听到撤退的命令之后，内心的害怕和奔跑的习惯促使他迅速逃离了战场。但在离开战场后，勇气突然回到了他身上，他不顾枪林弹雨又跑回去救出战友。

虽然阿甘并不是一个充满智慧的人，但是奔跑让他在短时间之内摆脱了消极情绪的困扰，并让他做出了英雄般的壮举。

很多人被情绪左右是因为他们没有找到合理的排解方式。有人认为发泄情绪是一种弱者行为，非常影响自己的形象。他们将自己的身份看得太重，反而忽视了自己内心的真实情感。为了营造强者的表率作用，硬生生的把自己变成了"高压锅"，以为强行地去消化掉自己的情绪就没事了，但是"高压锅"里的蒸汽达到一定压力就会冲垮自己。

我们需要采用合理的方式去排解情绪，比如健身、瑜伽、打球、打拳击等。在发达国家，这些能促进身心健康的运动是很常见的。日本的企业就非常重视让员工发泄情绪。

星新一的小说中刻画了很多工作狂的形象，这是日本社会的真实反映。在长时间的工作下，员工可能会产生各种各样的情绪问题。企业为了让员工发泄情绪，设置了很多发泄室、健身房、游戏室等。在发泄室里，员工可以随意殴打橡皮人，通过这些措施，员工能及时排解内心压力。

经常看到新闻报道中很多都市白领下班后喜欢把自己关在房间里大力捏

爆方便面包装袋，或者去"殴打"毛绒玩具，这些都是比较合理的情绪发泄方式。也有人在心里难受时喜欢发朋友圈。他们不一定是为了得到关心，只是想在朋友圈里吐吐心里的苦水罢了。

还有人摸索出各种比较积极和健康的减压方法，比如有人喜欢写字，他们并不是在练书法，而是蘸上墨水狂写一通，将自己内心的压抑诉诸笔端；有人每天要举几十次杠铃，因为身体的疲乏会让心理上产生愉悦感。

情绪并没有多么神秘，它就像藏在"红盖头"里让人看不清脸蛋的新娘子。掀开它的"红盖头"，你会发现，情绪真的没有那么可怕。

你是情绪的主人，还是奴隶

在外打拼时，住着几平方米蜗居房；每天要赶最早班地铁；陪客户喝63°五粮液……生活的压力，让大多数人戴上了情绪的枷锁。生活中的琐碎小事积累久了，让人感觉渐渐崩溃，脑子嗡嗡作响。像是被困在暗箱里的蜜蜂，想看到光，可是两眼一抹黑；想突出重围，谈何容易；想和朋友们倾诉一番，或者想征求点儿建议，但是每个人都有自己的生活和工作，即使短暂地聚在一起，有些内心的苦楚也很难向对方倾诉。

生活的艰辛让很多人都变成了一辆装满情绪的垃圾车，满腹牢骚，怨气四溢。与其活成情绪的奴隶，不如努力做情绪的主人，因为情绪本身就是结伴而生的。

很多时候，失望与希望共存，郁闷与快乐交织。人们一脚踏在失望的泥淖里，另一脚踩在青青草地上。影响情绪的是人们对遭遇的看法，有的人心疼自己的鞋，自然会关注踏在泥里的那一只脚；而有的人更喜欢看风景，只是把脏鞋拿出来擦一擦继续向前。

美国第32届总统富兰克林·罗斯福家中曾被小偷光顾，虽然丢了很多钱财，但是他却没有被坏情绪影响。他和朋友说："现在，我依然感到很幸福，感谢上帝对我的恩赐。因为小偷只是拿走了我的钱财，而没有伤害我和家人的生命，再者他拿走的只是一部分，并不是我所有的钱财，最值得高兴的是，做小偷的是他而不是我。"

利益的得失是影响情绪的因素之一，得到了什么，失去了什么一般会影响到情绪。但是，情绪也不全都由外界所决定。恰恰相反，情绪的最终决定权在于自己，只有自己可以决定是当情绪的奴隶，还是做情绪的主人。

这就是为什么有的人住着十几平方米的平房却依然感到幸福，虽然他们生活的条件并不优越，但是每件小事都能让他们感到开心，这些"小确幸"使他们的幸福指数很高。街上走来磨剪子的老人，吆喝声远远传来，人们会高兴地说："磨剪子的来了。"特别是家里有小孩子的时候，更是热闹，小孩子或是站在门槛上，或是绕着老人的自行车跑来跑去，嘴里也跟着吆喝："磨剪子来戗菜刀！"看着孩子们浑身散发出来的稚气，他们都会感觉到一种欣慰的快乐。

可是有些条件不错的人，他们为什么没了那种快乐？为什么总在念叨今天没挣几个子儿，明天领导催着要文案？仿佛人们已经无法享受生活的美好，天天都在生活中自我折磨。但是也有人在这种快节奏生活中找到了不变的快乐，就像是防盗门上贴的福字，虽然历经日月沧桑，但是仍保持着红火的颜色。

这是因为他们知道，自己是最最平凡的人，有梦想，但是生活更加重要；有压力，但是身边人最为可贵；人生不如意十之八九，但是快乐的事总有一二；过去已经过去，未来仍然可期，努力活在当下才能做好情绪的主人。

"活在当下"是一种注重实际的态度，更是一种勇于面对不幸的勇气。如果一个人能够着眼于眼前生活，认真看待眼前的事物，那么他就能发现生活里的美，从而改变自己的情绪。

　　作家张晓风在罗马和一位朋友去喝咖啡。路上东拐西拐，她看着脚下的石块路面，仿佛产生了错觉，以为自己是出来踏石块的。

　　进了咖啡厅，张晓风看到别人面前那白瓷杯里的咖啡，心里好像产生了一种"稳重笃实"的感觉。这时，侍者给他们拿来杯子，张晓风捧在手里，竟然发现这个杯子是热的。侍者解释说："好咖啡都是放在热杯子里的。"因为热杯子才能保持咖啡的温度与香气，张晓风深感幸福。

　　人的情绪又何尝不是呢？让自己保持快乐，浸泡在积极情绪里的生活自然变得有温度。和爱人一起做饭，陪孩子一起游戏，这些才是生活中最重要的事情。我们要学会在纷扰的世事中沉淀情绪。

　　怎样算是沉淀情绪呢？沉淀情绪，先要学会创造慢生活。地铁很快，但是赶地铁的时候想想家里的快乐，快乐的情绪自然会冒头，烦躁的情绪自然会消散。然后就是要学会享受过程，小孩子免不了淘气，而教育他的过程也是沉淀自我的过程，在这个过程中收获的不仅仅是一份美好的心情，还有越来越和睦幸福的家庭氛围。

　　不管你出生在什么样的家庭，也不管你想成为什么样的人，生活都是那样的，让情绪控制了你，你就是情绪的奴隶。如果你可以成功的掌控情绪，你就是情绪的主人。

没有不快乐的人，只有不肯快乐的心

看到"不肯快乐"四个字的时候，恐怕很多人心中都会产生疑问，怎么会有这种事呢？谁不想开开心心地生活？谁又愿意自寻烦恼呢？"不肯"、"不愿意"一般都和为难的事情、困顿纠结的情况有关系，人们一般不愿意面对灾难、难题、痛苦，不愿意快乐，这似乎于理不合。

其实，这种"不肯快乐"的人不在少数，每个人身上多多少少都会有所体现。观察身边的人，再回忆一下自己的心路历程，你就会发现，有时候快乐来临了，心里反而有一种抗拒。抗拒快乐的原因有很多，但共同表现都是对快乐有所质疑。在这种心态的驱使下，人们心里会想：这种快乐会不会对自己不利？或者这种快乐会不会让自己掉以轻心？更有甚者，有人认为快乐就是一场大梦，生活似乎就应该充满艰辛和不易，这种快乐不过是一种假象罢了，如果自己看不透的话就会迷失人生的方向。

这种心态可能是受了"生于忧患，死于安乐"的哲学影响，因为成年人的世界没有谁是容易的，成年人的内心多是惴惴不安的谨小慎微，成年人的社交也会有些利益的因素充斥其中。与客户吃饭，客户为了尽可能谋取利益，可能会先让你各种的满意，最后却让你输得很惨；与同事交往，掏心掏肺地和对方聊起心事，同事却背地里要到处宣扬你的隐私。

一位美国博士生从斯坦福大学毕业后成为一家企业的谈判代表，刚上任就接到一件大任务：公司要他到日本和一家企业进行谈判，并要他尽可能提高价格。他自信地认为这次任务真是小事一桩，他出马必定成功。

到了目的地后，对方业务人员问他是不是第一次来日本。得到肯定的答复后，对方主动带他去往各大景点游玩。他看到对方如此好客，更加开心。谁料从始至终，对方绝口不提合同的事，只是问他什么时候回美国，来日本还想去哪里游玩等。他觉得对方很友好，就把这些信息都告诉了对方。

但过了几天之后，他发现对方根本没有谈合同的意思。随着自己回美国的日期渐渐临近，他不停地催促对方商谈合同签订事宜，对方却一直在回避这个话题。最后，就在他坐车赶去登机回国的时候，对方人员在车里和他谈起了合同。对方业务人员狠狠压价，他急出了一身汗，却又无计可施。他想如果没有签好合同就回国，自己会更加狼狈，僵持到最后，他只好答应了对方的无理要求。

有了这次经历，他再也不敢掉以轻心了，每当工作中别人同他开玩笑的时候，他都紧锁眉头，总认为对方不怀好意。

刻骨铭心的痛苦经历会让人一步步远离快乐，在痛苦中生活太久，就会将快乐看成敌人，这种敌对的情绪让人们将痛苦看成了生活，而生活却失去了本来面目。生活在这种状态里的人即使遇到了真正的快乐，也会自动屏蔽。

其实，越是遭遇到不好的经历、心情极其痛苦的时候，人们越应该寻找快乐，用更积极主动的心态去面对痛苦。

所以当幸福来敲门的时候，不必慌张，不必压抑自己，轻松地迎接它、拥抱它，它不会给你带来任何的不适，只会为你的心灵带来宁静与祥和。人活一世的终极目标追求的不就是幸福吗？而内心的快乐就是幸福具体的体现，如果一个人不肯快乐，那么生活还有什么意义呢？

如果你已经有了抗拒快乐的习惯，那么就要学着接纳快乐。首先要尊重自己的内心感受，相信自己的能力。身边发生快乐的事后，要把快乐的情绪单纯化，要相信它不掺杂任何杂质。而情绪之外的事需要高超的能力与心态来维持。

有一部分人，长期受消极情绪的影响，每天都在抱怨、唠叨中度过，只看到生活中那些不如意的事情，即使有好的事情也视而不见，仍然纠结那点不开心的事。

钱钟书和杨绛曾被下放到干校劳动。杨绛在菜园里种菜，钱钟书成了干校的通信员，生活异常艰苦，但钱钟书说只要有书就很快乐。

虽然在动荡的岁月里他们备受折磨，但他们却能在苦难中寻找快乐。钱钟书每天都要到邮电所取信，回来的时候他特意绕路去菜园，只为了和杨绛见上一面。这对他们来说已经很知足了，在那种年月里苦难十有八九，幸福却只有一刻的见面。

无论生活有多艰苦，钱钟书仍然笔耕不辍，写出了笔记体著作《管锥编》。如果没有快乐支撑，他又怎能有如此大的动力。

我们要像对待清新空气一样去对待快乐。当我们像呼吸清新空气一样地呼吸快乐，才能让身体充满活力，让心情更加的清爽愉悦。"不肯快乐"是一种缺乏勇气的表现，享受快乐才是真正明智的生活态度。

假装开心，就真的能够快乐起来

　　每到农历新年，大人们都会告诉小孩子不要哭闹，因为开开心心地过年，预示着新的一年里都会顺顺利利。有很多小孩不相信，但当他们长大成人做了父母之后，也会这样教育孩子。倒不是因为长大迷信图吉利，而是人们发现，只要心情愉悦地面对生活，日子就不会过得有多差。哪怕有点小委屈，假装开心一笑，这点委屈也就消散了。

　　有人说，微笑是征服一切挫折的武器，是一种无坚不摧的力量。很多人对这种说法充满了怀疑，认为这是文人写的鸡汤、政客的装模作样。但是，心理学研究发现，人的情绪有一种反馈机制。当人们在内心平静的时候，如果脸上表现出微笑的表情，那么一段时间之后，大脑里就会回忆起高兴的事；如果脸上的表情比较悲伤，那么大脑里就会回忆起痛苦的事。所以，微笑的表情对情绪有反馈作用。

　　微笑的表情能够刺激大脑，使情绪安定下来，并促进思维活跃运转。用微笑面对每一天，人们就会对生活充满信心。面对烦恼时也会更具智慧与勇气。

　　著名体操运动员桑兰曾在 1997 年获得全国跳马冠军，但在 1998 年，她在一次赛前训练中不幸受伤，颈椎呈粉碎性骨折，胸部以下失去了知觉。在医院病房里醒来之后，她在探望她的众人面前一直保持着微笑。即使她当时只有 17 岁，哪怕知道自己后半生要告别心爱的体操运动，她也没有哭过。治疗过程非常缓慢，而她每天都要忍受极大的痛苦。各种感染、并发症不断袭来，但她都微笑着挺过来了。

保持愉快的情绪能够帮助病情早日康复，桑兰的经历证明了这一点。积极的心态加上科学的锻炼和康复，使桑兰的手逐渐恢复了知觉和力量，日常简单的生活都能自理了，后来还进入北京大学攻读学士学位。2008 年，桑兰成为奥运火炬手。2014 年，她剖腹产生下一名男婴。

保持积极、愉快的情绪能让人们在逆境中充满活力。而普通人虽然没有强大的心理素质，但也可以锻炼自己的心态，假装开心就是最简单的方法。

在每天的工作、生活中，我们要保持微笑。长此以往，就会感觉自己的心态越来越年轻。正如人们常说的"笑一笑，十年少；愁一愁，白了头"。

在遇到烦心事时，不妨微笑以对。虽然刚开始会很难，但长时间的心理暗示只会将你推向积极的方向。比如，很多人在做工作报表、整理文档时心烦意乱，纵然他们内心很抓狂，外表上看起来却很镇定淡然。比如，很多领导在面对难题时，鼓励大家说要迎难而上，要做细做深，要以难题作为提高自己的途径。有些员工不屑一顾，认为领导在"画大饼"，但实际上解决问题的往往是这些领导，因为他们不仅是在鼓励员工，也是在暗示自己。领导面对的问题往往更复杂，如果没有好的心态，他们无法胜任自己的职位。

　　徐友谅非常讨厌养宠物，而女朋友陶晶晶却养了一只宠物狗。刚开始徐友谅无法接受，但是当着女朋友的面又不能表现出来。两人相处时间长了，陶晶晶发现徐友谅从来没有摸过宠物狗，就问他是不是讨厌狗。徐友谅假装微笑，否认了这件事。为了让女朋友相信自己，他伸手摸了一下狗狗的头。虽然第一反应并不太糟，其实内心很不情愿，但他看着女朋友亮亮的眼睛，没有把手抽回来。

　　后来，徐友谅每次都要微笑着抚摸狗狗，时间长了，他也能坦然接受宠物了。他开始积极地给狗狗买狗粮、洗澡，再也不认为养宠物是一件很难受的事了。

　　你可以经常回忆过去开心的事，以此来调整情绪，让自己能够很好的处理当前的烦恼。男孩子踢足球、打篮球都有快乐的瞬间，想想当时挥洒汗水的畅快，想想比赛时的艰难、成功后的喜悦，这都有助于缓解当下的焦虑心情。女孩子想想雪中散步，想想粉色的羽绒服，这些美好的场景都可以让自己变得开心起来。

　　你可以在纸上写下未来的梦想，想象梦想实现时自己会有多开心。这些梦想会牢牢地在你脑海里扎根。而人们一旦有了憧憬，有了奋斗的方向，就会忽视与遗忘眼前的烦恼。

　　将另一度空间里的情绪转移到当下的情境里，能让我们变得积极起来。需要注意的是，我们不能过度沉浸在那些不切实际的幻想里，这反而会使你深深沉陷于当下的困境里无法自拔。

学会把注意力从烦恼的事情上移开

你有没有过这样的经历：睡觉前忽然想到一些开心的事，激动得难以入眠；上班时，被眼前乱七八糟的数据弄得烦心不已，同事的一个滑稽动作却逗得你哈哈大笑，暂时忘记了难题。

心理学研究发现，人们在情绪愉快的时候，身体会加速分泌一种物质——"内啡肽"。这种物质的作用类似于吗啡，能够使人兴奋，还能够镇痛、调节体温。人们高兴的时候往往感觉到神清气爽、呼吸顺畅，也是源于这种物质。所以人体内一旦加速分泌内啡肽，身体就不容易感觉到疲劳，精神也会变得振奋起来。学会转移注意力，能让你烦闷的心情暂得缓解，免得走入极端，患上心理疾病。

欧阳修的父亲很早就去世了，他在母亲含辛茹苦的教育下渐渐长大。进入仕途后，欧阳修屡遭打击。景祐三年，范仲淹推行新政被保守势力打压，欧阳修为了维护好友仗义执言，反而被贬到湖北夷陵做了一个小小的县令。欧阳修来到这个偏僻县城，心情低落至极。为了排遣内心的苦闷，他拿出以往的卷宗逐一审阅起来，并从中发现很多冤案错案。于是，欧阳修打起精神，开始着手审理这些案件。而在政务方面，他也毫不松懈，投入很多心力，将整个县城管理得井然有序。

不妨暂时忘记烦恼，将时间和精力转移到更有意义的事情上去。否则，痛苦与烦恼会像挂在脚上的沉甸甸的石头，慢慢将你拖入水底。而那些坠入情绪深渊的人们，每天只能和自己的情绪纠缠，他们终其一生可能也难以获取内心的富足感。

每个人都有自己的爱好和喜欢做的事，我们可以从这方面入手去转移注意力。比如有人喜欢听音乐，有人喜欢打球，这些都是很不错的方法。运动可以让大脑放松，而音乐可以刺激人的血液循环和内分泌，都有利于身心恢复。

马馨蕾失恋了，她和男友恋爱五年，一直希望能将这份爱情修成正果。但是近段时间以来，他们之间发生了很多的矛盾。双方忍无可忍之下，只能选择分手。

分手后，马馨蕾经常处于情绪失控边缘，夜里不能入睡，白天昏昏沉沉不能工作。后来，她听从朋友的建议，开始练习瑜伽，并重拾丢了很久的爱好——舞蹈。工作之余，她每天花很多时间去练习瑜伽、跳舞。由于调整得当，她的心情没有以前那样悲痛了。

转移注意力的长效方式还有画画、临摹书法、织毛衣等。这些活动都需要人们倾注极高的注意力，能够帮助人们逐渐忘掉烦恼。只要人们能够找到适合自己的方式，不断重复去做，就能恢复好心情。

需要说明的是，用玩电子游戏、抽烟、喝酒这样的方法去转移注意力，只会麻痹你的身心，令你丧失理智。采用这种方式的人，不但无法摆脱情绪的枷锁，还会染上酒瘾、烟瘾，就此陷入另一个深渊。

谁都做不到让任何人都满意

不管你有多优秀，总有人喜欢你，也有人不喜欢你。比如，有人颂扬苏轼豁达乐观，也有人说他言行不一，曾经做出过很多为人不齿的事。名人尚且不能让所有人都满意，何况普通人呢？

我们做不到让任何人都满意，因此纠结没有实际的意义。你很难照顾到所有人的感受，若执著于此，只会让你陷入焦虑的情绪中。

李敖和余光中的矛盾由来已久，李敖认为余光中"文高于学，学高于诗，诗高于品"，而在电视节目中，他更直言说余光中是骗子，人品极差，文学水平也比自己差很多。

可是，面对李敖的攻击，余光中似乎从来没有反击过。相反，他在一篇散文中还记叙当年与李敖同为《文星》写文章的经历。当然，余光中温和的态度让外界有了诸多猜测。后来有记者问他为什么不回应李敖的攻击，余光中略加思索，说道："我的文章到底如何，读者自然会有评价，不需要我来辩解。李敖经常骂人，似乎不骂人就写不出文章，他天天骂我，说明他的生活不能没有我，我没有理会这事，是因为我的生活中可以没有他。"当今人际关系更加不牢固，人们如果想要在层出不穷的矛盾与冲突中寻求心灵的宁静，就不能太在意别人的看法。虽然在社会中，人们需要有依靠，需要维持相互之间的关系，但是如果对方不尊重你，不在意你的情绪，你又何必耿耿于怀？既然关系已然僵硬到无法沟通，何不选择干净利落地转身？

还有一种人特别敏感，也就是人们说的"玻璃心"，别人无心说了一句话都能让他胡思乱想。这种人活着很累，成天沉溺在破碎的情绪里不可自拔。了解他的人也会感觉和他交往很累，不知道哪句话就会引起他的误解。

如果免不了和这种"玻璃心"性格的人交往，我们只需做到问心无愧就好。如果事事考虑到他人的想法，只会让自己的情绪也变得敏感、糟糕。世界上有多少人就会有多少种看法，任何人都不可能做到让所有人都满意。

夏天到了，夏微凉换上了自己喜欢的短裙和露肩装，显得清新美丽，回老家探望奶奶，亲戚们都在，很多人都夸夏微凉越来越好看了，但是夏微凉的伯母却表现出难看的神色。

趁夏微凉出去的片刻，她的伯母和亲戚们说："现在年轻人穿的那叫啥呀，露肩露大腿的，哪像我们那个年代……"夏微凉的婶婶笑着说："咱们那个年代就那几样衣服，好看啥呀，现在衣服花样多，人家穿上就是显得青春有活力。"夏微凉的伯母反而更不满意了，说："按你这么说，穿开裆裤更显年轻。"

夏微凉进来，看到伯母一脸怒气，她感觉到伯母似乎对自己有意见，心情也低落了下来。

每个人都是一种颜色，总会有人能够和你搭配出不同的感觉。和颜色相近的人"搭配"在一起，就能和谐相处；和对比色搭配，就会格格不入。

遇到了你的对比色，不用太过烦恼，因为你们并不会长期相处。哪怕周围全是你的对比色，你也要平和自己的情绪，因为这些人并不会改变你的价值。

请看余光中的《闻梁实秋被骂》：

似乎，我看见，在那边的弄堂里

小鼻涕们在呼啸，舞弄玩具刀

幻想那是真正的战役

而自己是武士，是将军

遂有一场很逼真的巷战

以真正的名将为敌，名将

在那边的方场上，孤立而高

赫赫，显显，多顺手的目标

于是，铜像的面目模糊

四方飞来呼啸和泥土

和小鼻涕们胜利的哄笑

但时间

时间的声音是母亲，——

叫回家去，把小鼻涕。母亲说

不早了，该回家吃晚饭了

留下方场寂静如永恒，泥土落尽

留下铜将和铁马，在夜空下

戴这样高而阔的灿烂如一项皇冠

　　余光中说，虽然有很多人对梁实秋不满意，但是梁实秋却"从不接招"，让时间来评定一切。而时间证明，梁实秋的成就是很多人根本无法撼动的。我们虽然难以创下梁实秋的成就，但是也应学习他的豁达。即使我们无法做到让所有人都喜欢，但一定要保持初心，哪怕身处泥泞也要向往光明。

把感情和精力用在美好的事物上

生活中不缺乏美好的事物，缺的是我们发现美好事物的眼睛。人的精力和感情都是宝贵的，丁点儿的浪费都显得异常可惜。因此，我们要把有限的精力放在美好的事物上。你有没有过这样的经历，在朋友圈里发了一张美美的自拍，底下评论却纷纷开启了"嘲讽模式"。有人说你在臭显摆，有人嘲笑你"勇气可嘉，这么丑的自拍也敢公之于众"……这种情况下你会选择还击还是干脆不搭理他们？还击他们吧，你又会被说成小心眼；不搭理他们吧，你心里又很憋屈。无论如何，都是自己生闷气，一天的好心情全让这一句句风凉话给毁了。

如果你非常介意这些事情，说明你的心性还不够成熟，还需要修炼。人心本来难测，总有人会将你的分享曲解成你故意炫耀，将你的赞扬歪曲成不怀好意。面对他人鄙夷的态度、刻薄的言语，你应该表现得更为豁达从容。不妨设身处地想想这些人的难处，可能他们工作上刚好遇到了打击，而你却在朋友圈里晒自己取得的成就，这让他们找到了发泄之处。用这种成全他人的大度心态去面对这些小事情，反而会让你更加释怀。

从 1905 年开始，爱因斯坦相继创立狭义相对论和广义相对论，很多人都难以跟上这个伟大天才的思维，甚至有人抱着不良居心恶意抨击相对论。1930年，德国出版了一本书，书名是《100位教授出面证明爱因斯坦错了》。这本书将相对论贬低得一无是处。爱因斯坦听说后，却只是轻描淡写地说了一句话："100个人，太多了吧，如果能证明我的理论有问题，一个人就足够了。"

人上一百就会形形色色，总是有一些人的想法和处世观念与众不同。在这种情况下，我们懂得求同存异，甚至需要点宽容和忍让。

浪费精力和情绪去处理这些事是不明智的。很多人认为多一事不如少一事，索性不发朋友圈，或者从来不看微博下面的评论。有的人不想在这些事上浪费感情，看到负面评价直接就删掉。

可是，你能躲避得了朋友圈，却躲避不了真实交往。虽然在手机时代，每个人的社交圈子都在急剧缩小，但你依旧免不了和不喜欢的人打交道。这时候就需要一些技巧，比如适当地时候"自黑"一把，不仅能化解尴尬，还能有效化解来自他人的敌意。

王志尧经常发朋友圈，由于他在学习天文学，发的很多朋友圈都和天文知识有关。一般情况下他会转发微信公众号文章，但只是为了方便自己以后查看。

有一天，他看到了一篇文章里介绍的是中国古代天文仪器，就立马转发了。但他为了做个标签，就附带了一句评论："水运浑象仪上面原来也有天球，看来天球概念不是西方人的独创。"

他的同学看到了就评论说："哎呀，又显摆你有文化呢？真想给你截图发我朋友圈里，让人看看我同学多有文化。"王志尧看到了话中的讥讽之意，但他想了一会回复说："人丑，你还不让人家多读书。"对方说："男孩子有男孩子样就好，再说你也不难看呀。"王志尧看到成功化解了一次危机，感到很是兴奋。

在这个快节奏的社会里，每个人的时间和精力都是有限而珍贵的。永远不要在让我们不开心的人和事情上浪费时间和感情。我们可以保持适当的距离，也可以用巧妙的方式在不触碰彼此底线的情况下，与之摊牌或者表明自己的态度。

向猫咪学习自娱自乐的精神

有很多人喜欢猫咪，不仅是因为它长得可爱，还因为它自娱自乐的样子非常惹人喜欢。有时，它能追着自己的尾巴转上半天，有时又会追着一颗球玩一个下午。反观忙忙碌碌的人们，为了生计东奔西走，愁容满面，仿佛很难看到开心的一面。

作家迟子建在张家界旅游的时候，忽然想去竹林里独处一会。在竹林里，她听着水声，享受着月光，宁静的气氛让她紧张的心境得到了放松。

竹林里忽然亮起一点光芒，迟子建正疑惑之时，她身边又亮起一盏小灯，她明白这是萤火虫开始出动了。看着身旁飞翔的幽幽亮光，迟子建仿佛摆脱了世俗的纷扰，获得了"真正的自由"。

迟子建在片刻的独处中享受到了莫大的快乐。只因独处能够让我们放下牵挂与顾虑，保持心灵的自由与纯粹。

独处并不代表孤单，更不是心境的孤独，而是一种心灵的自在与自由。很多人会寻求独处，每天会花上几小时看书、品茶、赏花、健身。有时候什么都不做，只是放空自己的大脑，任思想翱翔。或者回忆过往的快乐时光，或者畅想未来的幸福。

人心越来越浮躁，快节奏的生活让人们漂泊无依。虽然网络、手机上充斥着海量信息，并不能安慰人的心灵。当放下手机之后，你只会感到一种无尽空虚，但这并不是独处。真正的独处是心灵的欢喜和思想的放空与充实，而不是沉浸在那些毫无营养的碎片化信息里无法自拔。

独处需要的是"静"与"醒"。"静"追求的是心的宁静，心宁静了，才能超然于尘世，不为洗脑神曲和电影音响所乱；"醒"是认识到自己的位置，清醒地了解自己的生活，得不到的果断放弃，失去的也不遗憾。做到了"静"与"醒"的独处就能获得快乐的真谛。即便是面对一幅画、一尾鱼、一屋家具、一湾海水，都能让想象飞驰，神游八荒，从而自得其乐。哪怕工作了一整天，客户的难缠、文案的修改让你烦躁不已，独处都能让你摆脱掉心的疲累，获得精神的富足。

哲学家梭罗毕业于哈佛大学，他喜好哲学研究，更热心于政治问题。但是，纷扰的社会生活没有让他忘记亲近自然，他曾经独自一人到瓦尔登湖隐居。这一隐居就是两年，期间，他自力更生，生活极其简朴。在平淡的日子中，他细心体味着亲近自然的乐趣，后来写出了长篇散文《瓦尔登湖》。

有人问梭罗："你独自住在那里肯定会感到孤独吧？特别是在恶劣的天气里。"可是梭罗回答道："我们居住的地球不也是宇宙中的一座小岛吗？"

喜欢自然与思考的人肯定会以独处为乐，因为在独处中，他们能将自己从繁杂的社会中抽身出来，回归自我，体验到心灵的顿悟。有的人还会在独处的时候自娱自乐，吟风弄月，左右互搏，这种快乐是别人无法体会的。他们也会在一个人的旅行中与大自然来一场深度对话。

一个人看山，山色是自我的写照，所以李白有诗："相看两不厌，唯有敬亭山。"辛弃疾写过："我见青山多妩媚，料青山见我应如是。"一个人看海，海能照出自己的神采，余光中对海就有了这样的感触："透明的蓝光里，也还有一层轻轻的海气，疑幻疑真，像开着一面玄奥的迷镜，照镜的不是人，是神。"

傅斯年说过这样一句话："一天只有二十一个小时，另三个小时是用来沉思的。"沉思就是还原自我的过程，在这个过程中，情绪才能放松，心灵才能快乐。

第 二 章

抑制
愤怒

脾气走了，福气就来了

REFRAIN FROM ANGER

为什么我们会怒火中烧

生活中有些邻居之间会有一些冲突，为了一点小事破口大骂，大打出手，偶尔也会见到马路上两个人不知为了什么事打得不可开交，彼此脸上都被挠得血印纵横。情绪中最危险的应该就是愤怒，人们一旦愤怒，真有瞪裂眼眦、咬碎钢牙的冲动，那么我们为什么会发怒呢？

怒火最早源于动物的防卫本能，高级动物都有领地意识。如果有其他动物或者同种雄性侵犯领地，这个地盘里的雄性动物就会奋起反抗，你看狮子和羚羊为了地盘都会争个你死我活。在这种争斗中，获胜的一方就会获得领土权，继而可以传递自己的基因。

人远远比动物高级，怒火也不只是因为地盘受到了威胁，但是总和地盘有千丝万缕的关系。人会因为尊严而发怒，因为尊严和地盘息息相关。如果一个人的尊严受到侮辱，往往意味着他在朋友圈里的地位会受到影响。这也是为什么在猴群里面，最不能挑逗的就是猴王，哪怕你和它对视，都会被它当作是一种挑衅。

人们在各种竞赛中奋力拼搏都与尊严有关。获得胜利，人们将迎来所有人的赞赏，但是失败就意味着尊严受损。因为失败后，自己在圈子里的地位就会降低，异性就有可能远离你，所以很多人不惜受伤也要赢得比赛，而失败者也会产生愤怒、不甘心等情绪。

因为对于人来说，尊严比地盘要重要，所以人们有了预测自己尊严是否会受损的机制，如果意识里感觉自己的尊严正在被挑衅，人们很可能会发怒。比如设计师经常会被要求重新设计，第一次设计时，他们抱着积极心态。但是让他们重新设计一次时，他们的心态就变糟了。如果让他们反复修改，他们就会感到很生气。不只是因为对方拿不出合理的要求与标准，还因为感到自己的尊严没被对方重视。

由尊严意识、地盘意识还会衍生出其他保护意识，比如利益意识、责任意识、控场意识、目标意识、版权意识等，人们一旦感到在这些方面受到了挑衅，就会发怒。比如领导感到不能控制属下时就会发怒，人们的梦想受到打击时也会发怒。

可见，人们发怒是为了保护自己与身边的人，但很多时候怒气太重伤人伤己。新闻上曾报道这样一起案件，有个人到一家饭馆吃饭，因为老板说了一句："不想吃就滚！"这个人一下子被激起了怒火，直接和老板打了起来，最后犯下杀人大错。一句不恰当的话引起这么大的后果，是老板和杀人者都想不到的。

由于人性复杂，愤怒和性格、价值观、信仰、心理素质都有一定的关系。在古代，几乎所有人都相信有神灵的存在，如果有人反对有神论，就会遭到众人的打压。而现代社会中虽然没有了迷信思想，但是信仰的神圣性如果被破坏，也会激起对方的怒火。比如有人追求科学的神圣，听不得有人贬低某位科学家，马上就会招来他的攻击。

心理学研究发现，人在成长的过程中，心理多多少少会发生一些扭曲。

如果外界的事情不符合心理预期，有些人内心阴暗面就会迅速爆发。比如，有人借了一本书，本来约好一星期之后还，但过了约定期限还未将书还回去。本来不是什么大事，但当事人一时控制不住怒火，口不择言地说出了一些过分的话，最后朋友间闹得一拍两散。

此外，还有很多生活中琐碎的事情也会让人发怒，比如被强迫做自己不愿做的事，也会抑制不住地怒火中烧。

坏脾气从来不是天生的

"怒发冲冠，凭栏处、潇潇雨歇。抬望眼、仰天长啸，壮怀激烈。"有些人动不动就会"怒发冲冠"，但很少有人会像岳飞一样为了祖国山河、家国大义而发怒。他们怒气冲冲，大多是为了生活中的一些小事。要么是因为理发时被多收了两块钱，要么是因为邻居借东西不还。

小时候不明白怒为何物，说明怒不是天生就存在的情绪。一般在 3 岁以前很少会有坏脾气，因为这段时期主要是依赖父母。一旦有了基本的独立思考能力，也就有了摆脱被约束的倾向，这个时候就会表现出反抗或者对抗的心理。人的坏脾气就是在 3 到 10 岁这段时间内养成的，如果父母没有在这段时间内及时纠正孩子的脾气，那他的一生都会有童年的痕迹。

张佳玮在谈恋爱时总会表现出自私倾向。有一次女方因为天太热，不想出去吃饭。张佳玮对此很生气，嘴里絮絮叨叨抱怨个不停。还有一次两人约好看电影，女方迟到了，说路上遇到一个流氓。张佳玮不相信，还怒气冲冲地指责女方，说："真有流氓怎么不报警，和我说有什么用？"后来女方提出了分手。

其实，所谓的坏脾气都是有原因的，最常见的就是"自恋"。自恋的人总认为别人应该知道他的想法。如果别人没有按照他的想法来做，或者达不到他的意愿、不顺他的心意，他就会发脾气。

具有自恋倾向的人一般都是惯出来的。他们可能从小在家里很受重视，日久天长，便认为别人就应该这样对待自己。他们总是理所当然地接受别人的爱，而自己却不懂得爱别人。在心理学上，每个人都会有一个时期有自恋倾向。然而，有的人受到了良好的引导，这种自恋心理就表现得较少。有的人这方面的倾向没有被重视，终其一生都会受自恋心理影响。

自恋的人发脾气，一方面是他们内心很空虚。由于自恋，他们很喜欢别人称赞自己。如果得不到别人的赞赏，他们就会感到压抑，总想要表现自己。这个过程中，他们可能会一再受挫。这些不好的经历会加深他们的挫折感与自卑感，令他们的脾气变得越来越坏。

自恋的人还有一种表现，就是什么都看不惯。这其实是一种"清高"心理。过于清高的人由于看不惯世事，总是习惯性地指责他人。他们对他人身上的一点小毛病耿耿于怀，就算行为上没有不妥之处，他也能挑出毛病来。

自恋的人如何更好地控制自己的坏脾气呢？最好的方法就是融入社会、与人交流。在交流的过程中，人们会不断发现自己的缺点，清高、自卑、暴躁的情绪都会有所缓和。需要注意的是，在与他人相处时，我们最好与他人平等以待，勇于接受他人不同的观点。在情绪方面，我们要意识到自己是自恋型人格，不要因为与他人意见不和就乱发脾气，更不能因为事情不顺心就暴跳如雷。

《世说新语》里记载了东晋时期王述的故事：王述性格很急躁，稍有不顺心就会大发雷霆。有一次吃鸡蛋，他拿筷子戳鸡蛋没有戳中，脾气马上爆发。他拿起鸡蛋愤怒地扔到了地上，然后又穿鞋去踩。一脚下去没踩着，气得他捡起鸡蛋放进嘴里，咬破之后又吐了出来。

但是王述官居显要之后，却能平和处事。有一个人当面痛骂他，他不予理睬，反而面对墙壁站着。那个人骂累了，看他不回应，就自己走了。王述默默面壁，不久后听到没人骂了，就问手下那人是不是走了。确认那个人已经走了之后，王述才转过身子。

斤斤计较的人也会动不动就发脾气，多花五毛钱都会让他们彻夜难眠，更别说邻居借了一头蒜、一把伞没还了。这种人总认为别人在薅他的羊毛，别人动了他一点东西就能引得他破口大骂。

有个别人，可能是因为小时候体会到家庭的不易，或者没有一技之长找不到稳定的工作，因此他们就会对金钱比较敏感一些，难免会给人有点儿斤斤计较的感觉。这部分人，控制情绪的能力稍差，一旦爆发就难熄怒火。甚至是"新债旧账"都不管不顾的发泄在当下。

斤斤计较的人控制情绪的最好方法就是修心，尝试着去学会宽容和付出，一旦你的宽容和付出得到了应有的回报，就会有成就感和内心的满足。而不是让负面情绪搁置不理任其泛滥。如果你也受到自身坏脾气的困扰，不妨多看带有禅理、哲理的书，以此平和自己的糟糕情绪。

愤怒之下踢石头，只会痛着脚趾头

人如果在生气时无法克制自己，后果就会像冲动之下使劲踢了一块石头，疼的肯定是自己。你有没有发现，每次你生气的时候，嗓子都会上不来气，或者头脑发热，甚至会感觉四肢麻木。待稍微冷静下来之后，你会发现自己的心跳很快，呼吸非常急促，而这些都会引发身体病变。更严重的是，有的人生气之后会做出伤害自己的行为，比如离家出走、自残、更严重的甚至轻生，当他们平静下来之后，大多会很后悔自己当时不冷静的行为。

作家林清玄的散文清雅温馨、语带禅机，往往能在字里行间抚慰人心，就连小偷和杀人犯在看过他的散文后都开始悔过自新了。

然而，林清玄也有过一段情绪失控的时光。在他做报社编辑时，他去找古龙催稿，可是古龙非要林清玄陪他喝酒，说："你不陪我喝，我就不给你写。"而上班时间也很难熬，从早到晚一直要开会，他只能回家审稿。除此外，他还要写作，这让他非常焦虑。更让他接受不了的是，他的女友竟在此时离他而去。这对他的打击非常大，他的情绪变得异常不稳定，经常会因为一点小事而生气，头发也开始大把大把脱落。

不堪忍受生活压抑，他一度走到海边想要自杀。但是，在海边，他看到了很多和尚在超度亡魂。打听之后，林清玄得知，这些人选择跳海都是因为一些鸡毛蒜皮的小事。感慨之下，林清玄放弃了轻生的念头。

人们常说，气大伤肝，悲伤伤肺，情绪对人体的不良影响可见一斑。不过，人们生气的时候最先受伤的应该是大脑，很多人会有大脑空白反应，这是大脑缺氧的表现。因为坏情绪会让大脑神经非常兴奋，令血液积聚在脑神经里无法流通，所以高血压病人更不能生气。每次生气过后，脑细胞都会受到不同程度的损伤，很多人发现生气后记忆力似乎变得更差了。

生气对心脏健康也会产生很严重的影响，因为怒火会让身体某些器官缺氧，心脏为了供氧，就需要加速跳动。人们越生气，心脏跳得越快，这就像是高速运转的发动机一样，这种高负荷运转迟早会让心脏承受不住。所以爱生气的人心血管系统都会出现问题。

生气会让人体内分泌系统加速分泌，特别是一种叫"儿茶酚胺"的物质，这种物质会导致身体内的各种毒素迅速增加。而肝脏是人体清除毒素的器官，怒火攻心时只会令它加速工作，久而久之会对肝脏产生不可逆损伤。

生气也会让神经很兴奋，肾上腺素类物质增多，这会让人一时非常兴奋，难以入眠。更可怕的是，很多人会出现全身麻木的病情，特别是四肢，有的人手指发麻不能自由屈伸了，需要赶紧抑制怒火。当然，除此之外，生气还会带来很多其他方面的影响，比如面目憔悴、头发脱落等。可悲的是，尽管我们都知道生气有害身心健康，可就是无法克制自己的坏情绪。

其实，也没必要完全克制情绪，有时候总要给情绪找个出口，偶尔发个无伤大雅的小脾气，可以排泄掉自己的情绪垃圾。但你不能任由自己长时间处于生气和暴怒的状态下，这只会让你自食恶果。

英国科学家法拉第年轻的时候，由于工作比较紧张，他动不动就发脾气。他的身体比较虚弱，这些坏情绪严重威胁到他的身体健康。为了治疗身体问题他四处求医问药，但效果都很一般。最后，有一位医生检查完他的身体后，并没有给他开药，而是和他说："一个小丑胜过一打医生。"法拉第这才明白治疗情绪的最好手段就是开心。从此，他经常去观看马戏、喜剧等，心情变得越发愉快，身体状况也好了起来。

"脾可医，气可医，脾气不可医。"情绪是无法通过医疗手段来解决的，只能自己来调解。心理学家发现，开心一笑可以牵动膈膜、心肺、咽喉等部位，从而让这些部位得到放松。所以对于长时间生气和容易暴怒的人来说，笑是安慰身心的最佳手段。

但是，很多人在面对生活琐事的时候，还是很容易生气。对于这种情况，林清玄建议我们要将眼界放宽，不要太在意琐碎的东西，他说："白鹭立雪，愚人看鹭，聪者观雪，智者见白。"爱发脾气的人都是只看到了眼前的烦恼，却没有认识到烦恼不过是大千世界中的一粒尘埃。如果我们看到的是广阔的生活，又岂会为了一点小事去伤害自己呢？

就算心情糟糕，也不乱发脾气

人们都不想和脾气古怪的人交往，因为他们动不动就大发脾气。尤其是他们身边的朋友、亲人，更容易被他们的低气压所笼罩，心理上煎熬不已。心理学上有一种情绪效应，指的是某个人的喜怒哀乐都会让别人对他产生印象，从而影响到他以后的发展。这就解释了在公司管理中出现的一些现象。比如有的人本来能力很强，但是由于没有管理好情绪，屡屡与升职加薪失之交臂。

有一个人十分容易发怒。他的朋友就给了他一袋钉子，并对他说："哥们儿，以后你每发一次怒，就拿一颗钉子钉在这根木条上。"他听从了朋友的话。第一天，他发怒了 10 次，他钉下了 10 根钉子；第二天，他钉了 8 根钉子……直到有一天，这个人一整天都没有发脾气，朋友就对他说："每次你能控制住脾气不发怒时，就拔出一根钉子吧！"终于有一天，这个人拔出了所有的钉子。

朋友对他说："你表现得很好，但是你瞧，钉子是拔出来了，木条上却留下了这么多的洞。同样的，你对别人每发一次怒，就像这钉子在别人的心上钉一次，即使事后道歉，也会留下永远无法补救的伤痕。"

谁也不想招惹坏脾气的人，与高尚的人交往，能够受到他人格魅力的感召；与博学的人交往，能够充实自己的头脑；与风趣的人交往，能够娱乐自己的身心。而与坏脾气的人交往，只会被他的恶劣性格折磨得苦不堪言。就算对方有学识、有能力，你也只想逃离。

我们要懂得管理自己的情绪，就算心情很糟也不能随便发脾气。有些人的情绪管理经验非常值得借鉴，他们在平时很注意控制情绪。

首先，我们要养成一个习惯，发脾气之前先忍上几秒钟。一般人发脾气都是瞬间爆发，根本来不及考虑对方的感受。忍几秒钟，情绪就有了缓冲时间。你要迅速地平静心绪，转动脑筋思考该怎样处理事情更为得当。所以有些人听到坏消息时会先深呼吸，既可以缓解压力，也让情绪有了控制的余地。

其次，时刻提醒自己人生来平等，即使自己是长辈或者领导，也要给对方应有的尊重。因为，每个人都有自己的闪光点，不要总是盯着别人的不足和缺陷。

最后，要体会别人难处，即使自己心情糟糕，也不能对人发泄情绪。金无足赤，人无完人，在任何关系中，包容的心态尤其重要。我们不能苛求对方完美无缺，就算有点闪失或者不足，也应多点儿原谅和鼓励，少点儿指责和抱怨。

林肯当选美国总统后，南方各州反对废除奴隶制，从而爆发了内战。葛底斯堡战役后，南方军队大败，李将军率领败军退到了波托马克河边。恰逢河水暴涨，李将军无法渡河。林肯得知后，下令前方司令立刻出击，然而，前方司令并没有执行林肯命令，而是召开了紧急会议。他调兵遣将时也非常犹豫，这让北方军队延误了战机。

林肯极其生气，立即给司令写了一封信，信上指责司令的过失："我不期望你能改变形势，更不期望你能做得更好！"然而，林肯并没有发出这封信，他想道："我在白宫发号施令当然容易，而前线的情况却是我不了解的，召开紧急会议可能自有原因，如果让前方司令看到了这封信，可能会影响到战争局势。"之后，林肯就把信件锁到了抽屉里。后来林肯家人整理遗物时，发现了很多没有寄出的信件，这些信里都写满了指责的话语。

我们在情绪糟糕时乱发脾气，对别人横加指责，那些话语就像是一支支利箭会伤害到身边人的心，唯有学会控制住自己的情绪，保持心态平和，维持良好的人际关系，才能保证事业顺利。

改变不了别人，那就改变自己

　　人们的情绪会受到环境的影响，就像瓢泼大雨会让人产生伤感的情绪。由环境变化所导致的情绪中，很多都是负面的，比如烦恼、焦虑、怨恨等。我们要合理地宣泄掉这些情绪，不能任由它们影响到我们的生活和工作。

　　人们很难改变环境，但是可以改变心态。很多人会自嘲，就是因为他们知道无法改变别人的看法和周围的一切。既然无法改变环境，那就不如接受它们。

　　爱因斯坦晚年身患重病，照顾他的医生非常担心他的身体。然而，爱因斯坦认为人总会有一死，害怕担心也没有什么用，与其活在情绪枷锁里，不如做点有意思的事。

　　随着他的病情渐渐严重，医生更是不敢掉以轻心，时常看着他服药。但他对医生的话毫不在意，经常将药放在一边。医生没有办法，只能催促他赶紧服药，爱因斯坦乐呵呵吃了药后，看着守在床边的医生，说："医生，这下您觉得好些了吗？"

　　生活中，很多人其实并没有遇到多大的挫折，情绪不佳的原因无非是房子不大、挣钱不多、工作太烦、生活太闷等。仿佛这些东西如果不能立时得到满足，人生就是毫无意义的。可是，整天抱怨生活、怨恨环境的人并不能改变现状。只有立足当下分析现状，找出不足之处并为之改变，才是正确地选择。

有的人注意到这样一个现象，越是抱怨生活里的小烦恼，烦恼就会越来越多，越是害怕麻烦，麻烦越是会提前到来。这是因为，当你这样想的时候，已经给了自己心理暗示。也就是说，你越是往坏的方面去想，越容易得到负面的东西。生活就像是一片湖泊，如果你看到的是死鱼杂物，那么自然会有逃离的冲动；如果你看到的是湖光山色，心情自然会变得好起来。既然环境无法改变，你可以改变自己的眼界，多看看生活里的小确幸。

转变自己对生活的态度，情绪就会因此而改变。首先要做的就是发现生活中美好的东西。有的人对自己的房子不满意，那就先找找这间房子的优点在哪里，比如小是小点，但是向阳、楼层好、邻居安静等。有人抱怨自己挣钱不多，那就先找找这份工作有那些优点，比如省心省力、不用加班熬夜、离家近等。

这就像是寓言里说的那个"哭婆婆"的故事。"哭婆婆"成天坐在路口哭，一位智者问她怎么了，她说大儿子是卖伞的，二儿子是卖鞋的，天要是晴朗，大儿子的伞就卖不出去，天要是下雨，二儿子的鞋就卖不出去，因此感觉生活很难。智者告诉她不妨这样想，天晴的时候，二儿子的鞋就会卖得很好，下雨的时候，大儿子的伞就会抢购一空，这样他们怎么都会赚钱。老婆婆一想确实是这样，不由得笑了起来。

你需要时常观察自己的情绪波动，洞悉自我心理。这样才能及早做出防范，避免外界事物刺激到自己的内心。

曾国藩初入官场之时，不懂官场规则。他性格耿直又不会应酬，几乎是处处碰壁，无论是芝麻小官还是朝廷大员，都对他很不客气。但此时的他是个原则性很强的人，怎么也不愿违背自己的本心，屈就于环境。在他兵败的时候，他的情绪经常失控，一点小事就会引得他破口大骂，他的弟弟、弟媳都被他责骂过。

他曾经说过，不顺的时候自己也很绝望。但他后来明白，环境是不可能改变的，能变的只有自己。经过不断反省，他学会了忍，学会了将自己的心态放平和。在他的一生中，他绝望过两次，自杀过两次，但是每次都挺过来了，所以磨炼出一副宠辱不惊的性格。

其实，生活就是一场演出，如果你被台下的观众所影响了，这出"戏"肯定无法进行下去。可如果你能学会笑对一切，就一定能获得热烈的掌声。

只有糟糕的心情，没有糟糕的事情

世界上，只有糟糕的心情，没有糟糕的事情。糟糕的心情就是消极心态的衍生物，拥有这种心态的人，会把生活中一切有意义的东西都剥夺得一干二净，在人生的整个航程中处于"晕船"的状态，对将来总感到失望。与之相反，好的心情则来自积极的心态，这种心态将会促使你充满力量，去获得财富、成功、幸福和健康，助你攀登到人生的顶峰。

对于积极的人来说，没有什么事情坏到了极点，也没有什么境遇能把自己逼到走投无路。再糟糕的事情，只要你自己不灰心，抱着积极的心态，就一定会柳暗花明。

塞尔玛陪伴丈夫，驻扎在一个位于沙漠的陆军基地里。丈夫奉命到沙漠里去演习，她一个人留在陆军的小铁皮房子里，炎热的天气就算在仙人掌的阴影下也有50℃。她找不到人与自己聊天，因为她身边只有墨西哥人和印第安人，而他们不会说英语。她为此感到非常孤独难熬，于是就写信给父母，说无论如何都要丢开一切回家。

她父亲的回信只有一句话，而这一句话的信却永远留在了她的心里，并且完全改变了她的生活。这一句话是：两个人从牢中的铁窗望出去，一个看到泥土，一个却看到了星星。

塞尔玛一再去读这封信，觉得非常惭愧，她决定要在沙漠中找到星星。

塞尔玛开始和当地人交朋友，他们好客热情的反应使她非常高兴，她对他们的纺织、陶瓷表示兴趣。

塞尔玛研究那些引人入迷的仙人掌和各种沙漠植物，又学习有关土拨鼠的知识。她观看沙漠日落，还寻找海螺壳，这些海螺壳是几万年前还是海洋时留下来的……原来难以忍受的环境变成了令人兴奋、流连忘返的奇景。

是什么使这位女士的内心发生了这么大的转变呢？沙漠没有改变，印第安人也没有改变，但是塞尔玛的心态变了，她把原先恶劣的环境，变为一生中最有意义的冒险。她为发现新世界而兴奋不已，并为此写了一本书，以《快乐的城堡》为书名出版了。

事情的糟糕取决于你的心情糟糕，如果你的心态是积极的，那么不管遇到多么糟糕的事情，都能找到化解的方法。

有些人也许会说："老天待我不公，我生下来就有生理缺陷，那我该怎么办呢？"因此而消沉是很多人的选择，但是那只能把自己拖入另一个人生沼泽地。如果上天给你一个不健全的肢体，消极地接受不如积极地接受，你的命运将会因为你的积极心态而被改写，你将会像正常人一样拥有自己想要的生活。

有一个叫丹普赛的孩子，他生下来就是一位畸形人，四肢不全，只有半边右足和一只右臂的残端。可是，他像其他孩子一样热爱运动，尤其喜欢踢橄榄球。为了能让他踢橄榄球，他的父母亲给他做了一只木制的假足，这样他就能穿上特制的球鞋。

然后，他就开始了自己的橄榄球生涯，每天都用自己的木脚练习踢橄榄球，他付出了多少努力和辛苦只有他自己知道。他的球越踢越好，以致新奥尔良的圣哲队雇他为球员。

在一次圣哲队与底特律雄狮队的比赛中，丹普赛用他的跛腿在最后两秒钟内，在离球门63码的地方将球踢进，顿时欢呼声响彻天空，这是职业橄榄球队当时踢进门内的最远的球。这次圣哲队以19比17的比分战胜了底特律雄狮队。

底特律雄狮队的教练施密特说："我们是被一个奇迹打败的。"

德国哲学家叔本华说："人们不受事物影响，却受到对事物看法的影响。"不要总抱怨自己时运不济，也不要抱怨周围的环境是多么糟糕，一切的不如意都源于你的心态。如果你认为一件事情是糟糕的，那么它就是糟糕的，并且会因为你的消极而变得更加糟糕。但是如果你不认为它是糟糕的，就像丹普赛一样虽然残疾，但是他并没有剥夺自己像正常人一样去踢橄榄球的权利，结果他比正常人表现得更出色！你可以让自己生活在地狱，也可以让自己生活在天堂，决定权都在于你的心。

瑜伽，帮你进入禅定状态

我们要控制情绪，首先要学会如何控制身体。因为人愤怒的时候，身体各方面都会产生反应，只有控制了身体，才能在情绪发作时有效缓解情绪。而控制身体的最好方式就是练习瑜伽，因为瑜伽可以稳定人们的呼吸，让人们精神放松。

坐娜是 20 世纪 90 年代红极一时的女明星，曾获得过很多奖项。然而，在她 27 岁那年，一场车祸让她的五脏受到了重创。

手术之后，坐娜虽然外表上看不出有什么创伤，但是内脏的创伤迟迟无法恢复。她不愿意放弃工作，于是忍着身体的病痛继续演出。可不久后，越来越严重的伤痛迫使她告别了心爱的舞台。不到 30 岁的她患上了各种疾病，耳鸣、忧郁症、红斑狼疮……病魔不断折磨着她的身体和心灵。

在这期间，她开始练习瑜伽。经过长时间的练习，坐娜有了极大的动力。虽然病痛无法根治，但是她活出了自己的精彩。后来，针对自己的病症，她自己专门研发了一套瑜伽，并取名为"坐瑜伽"。她在练习中会关注自己的身体、情绪、呼吸，经过长久的练习，她感觉到自己的身体在一点点好转。

她后来还创办了自己的瑜伽馆，带学生、出书、拍摄影像资料供大家学习。

如今，已 50 多岁的她出现在人前总是一副容光焕发的样子。生活中常常充满动荡与意外，如果我们没有良好的心理素质，就会被负面情绪所冲垮。而瑜伽的练习方式正好可以消除身体的紧张、平复情绪。比如瑜伽的呼吸方式，虽然呼吸技法有很多，但总体都能平复练习者的心情，舒缓神经。

瑜伽可以让人们的身体变得强健，意志变得坚韧。就像是历经劫难的大树，虫子的啃啮让它千疮百孔，风雨雪雹的锤打让它的枯枝尽落。但它依然顽强，这不仅源于它的根系深深地扎进了土里，也因为它的树干粗壮。瑜伽就会让人们变成一株大树，哪怕外界的打击再强劲，生命的根也毫不动摇。

那些容易愤怒的人们受不了一点儿刺激，哪怕是坐地铁时被人挤了一下，或者打饭时被别人催了一句，都会惹得他们心头火起。瑜伽正好可以调整他们这种情绪。因为瑜伽的练习方式可以增强身体的柔韧性，而长时间的坚持可以让人们增强耐心和意志，懂得克制自己，不让自己半途而废，即使外界有风吹草动，也无法动摇自己的信心，这样，练习瑜伽的人对小烦恼也就不会往心里去了。

情绪是人的本能，没有情绪的人是不健全的。每个人的心中都会有一颗种子，有的人每天很快乐，因为他们懂得给快乐的种子浇水，而容易愤怒的人总是在吸收外界的毒素，内心的愤怒就会很茂盛。瑜伽不仅是在锻炼身体，更重要的是能锻炼我们的心性。练习瑜伽时当我们回想到快乐的记忆时，浑身就会感觉很舒服，不容易疲劳，可一旦我们想到愤怒的事，瑜伽就无法坚持下去了。因此，练习瑜伽的人会有回忆快乐的习惯，并将这种习惯延伸到生活中。

夏果儿结婚之后和婆婆之间产生了很大的矛盾。她经常生闷气，特别是休完产假之后。她感觉自己有了抑郁倾向。在朋友的介绍下，果儿办了一张健身卡，而健身馆里每晚都有瑜伽课，她便跟着学习瑜伽。

做了一个月简单动作之后，果儿变得开朗多了，每天都很期待上课。而每次上完课后她会感觉自己身体上和心理上都有了极大的放松。虽然婆媳矛盾还没有化解，但是果儿不会像以前那样抑郁一整天了。上课的时候，她根本不会想起那些不开心的事。

经过半年的学习，果儿可以做有难度的动作了，她还特别期待做高难度的动作。她认为那些高难度的动作对自己而言是一种挑战。生活中，她很少抱怨了，哪怕遇到了困难，她也只会把它当作挑战，而不是麻烦。她和婆婆之间的关系也融洽了很多，虽然还会有摩擦，但她会争取营造快乐的氛围。

每个人都有自己的做事风格，有的人性格风风火火杀伐果断，有的人步步为营求稳怕乱。不同做事风格的人，在合作或者相处的过程中可能会存在一定的冲突，但最终要求同存异，寻找平衡点。瑜伽可以改变人们的心性与气质。练习瑜伽，急躁的性格可以变得冷静稳重，死板的思维方式可以变得灵活。这在其他健身项目中也会有所体现，但是瑜伽可以带你进入禅定状态，让你以智慧的眼光看待生活。

以柔克刚，柔软你的世界

在生活及工作中，我们总会遇到一些烦恼会让你的内心变得五味杂陈。一旦遇到外界刺激或挑衅自然就会爆发。可是发怒之后，事情并没有出现转机，局面反而更加糟糕，这说明愤怒或者强硬并不是解决事情的办法。

俗话说："牙齿虽硬，但存在的时间却不如柔软的舌头"。懂得以柔克刚，春风化雨般地软化对方的心，反而会得到更好的效果和收获。

性格刚强的人总认为他人是在冒犯自己，总拼命地想维护自己的尊严。比如设计部领导认为别人让她反复修改是在挑战她的底线，就会强横以对；在恋爱中，男孩认为女孩的无理取闹深深伤到了自己，压抑不住自己的怒火，甩出了几句狠话，最终伤了女孩的心。

硬碰硬是不能解决问题的，即使对方吵不过你，一两次败下阵去了，双方之间的隔阂就此形成了。如果每次都以吵架结束，那么两人最终会势成水火，互不相容。这对工作、生活都是百害而无一利。有一句话叫"刀子嘴豆腐心"，如果看出了对方的好意，就不必将对方的那些难听的话记在心里。高情商的人懂得以柔克刚，包容对方会让你拥有柔软的力量。

如同弹簧可以被压紧，而松手后，它的反弹拥有很强的力量，以柔克刚就在于以退为进、积蓄力量。对自己的亲人温柔以待，是尊重对方，更是维护爱的果实；对朋友或同事多多包容，不是说允许对方冒犯自己，而是要他们明白，我们珍惜彼此的情分，要意识到这段关系的来之不易。

　　有一对婚姻即将走到尽头的夫妇想最后共同旅行一次，他们来到了加拿大魁北克的一条山谷里。这条山谷有一处独特的风景，西边的上坡上生长着各种树木，而东边的山坡上却只有一种雪松，这种差异非常令人奇怪。

　　这对夫妇到达目的地后不久便下起了雪。他们发现，这里的风向很特殊，一直在向东吹，这样，西坡的落雪不是很大，而东坡的雪挂满了雪松的枝头。过了一段时间之后，树枝上的雪更厚了，其他树木的枝干不堪重负开始断裂，雪松的树枝却会"抖落"积雪，原来，雪松的树枝具有弹性，积雪将树枝压弯后，就会滑落下去，所以雪松的树枝上不会有太多的积雪，也就不会被大雪夺去生命。

　　这种生物特性让这对夫妇领悟到了一个道理，生活中压力有很多，坚硬抵抗的人终将失去幸福，而柔软地弯曲一下，就不会被烦恼所压垮。

　　有人认为包容就是退让，退让就会失掉底线。自己越退让，别人越想得寸进尺。这其实不是包容，而是无原则的忍让，而以柔克刚是柔中带刚。说软话不是讨好别人，而要让对方意识到你的底线。

　　比如，生意谈不下去了，就不要原地打转，可以先讨论别的问题，等到时机成熟再来讨论难题；工作中有冲突了，先冷静下来，再委婉地告诉对方这项任务需要对方拿出具体可操作的方案，并帮助对方思索解决办法……以柔克刚就像是夏天的竹席，能给人隔绝身下的酷热。人们有了"竹席"，就像是躺在青草地上一般，露珠的沁凉来为你带走暑气，只留下竹子的香气。

第 三 章

乐观向上

让悲伤顺流而去

CALM AND PEACEFUL

每一个人都会有悲观的时候

"她一走，我整个世界的灯都灭了，我可能不会再爱了。"失恋的男孩悲观地想着。

"你做得还不错。"领导对员工说。

"这个工作真的不适合我，我这几个月情绪崩溃过好几次，真的感觉力不从心，我感觉自己好失败。"辞职的员工哽咽着对领导表示歉意。

每个人都不会平平静静过一生，就算没有遇到大风大浪，小小的失败也可能会让人一蹶不振。有人说，多愁善感多是少年的"特权"，成年后为了生计到处奔走，根本没有时间悲观。可是，生活压力逐渐加大，虽然见惯了风风雨雨，但是情绪就像是沉积在水坛底部的渣滓，表面上看不出来，一旦外界有了纷扰，这些渣滓就会荡漾开来，到处都是，人心又岂能不悲观。

李世南喜欢骑马、踢足球、唱美声。有一次他进行骑马训练，马在跃起的时候，马背和身体发生了剧烈撞击，他的肺部受了严重的伤。由于骑马、踢足球、唱美声都需要有健康的肺，他为此绝望了很长一段时间。

李世南认为这辈子注定要失败了，等到他恋爱了才缓过来。但他找工作时依然很不顺，因为他受过伤，常规运动的教练工作不接受他。而不幸远远没有结束，几年之后，他失恋了，绝望情绪又一次袭来，他整天百无聊赖过着黑白颠倒的生活。

黑暗中总会有人把手递给悲观的人，一个朋友看到李世南很绝望，就带他参加了一次野外拓展训练，在训练中他感受到了团队对他的协助，由此打定主意要做拓展培训教练。

成年后虽然经历了很多，不会被工作等小事所烦恼，但是遇到无能为力的事也会心乱如麻，特别是在身体状况、经济状况出现问题之后，随之而来的压力很容易让人精神崩溃。随着年龄的增长，都会面临着健康问题，疾病不知不觉就来到了身上，而照顾子女、父母的重担都落在了身上，压力和烦恼倍增。

人们在遇到挫折而沉浸在悲观情绪中时，整个心理都会变得没有阳光，长期在没有阳光的暗室里生活，会更加憔悴，稍微遇到不顺心的事都会增加人们的悲观心理，就算遇到好的机遇也无法看到。因为悲观的人将变得毫无生气，没有信心，厌倦生活，所以人们非常厌恶悲观心理。

悲观情绪会让人迷失自我，所以人们会寻找摆脱悲观的方式。有人认为悲观只是暂时的，情绪不好，缓一缓就会有转机。因此，人们应当学会释放压力。运动是释放压力很有效的方式，很多人在压力大的时候会感觉头脑紧绷、身体乏力，这时做引体向上或者俯卧撑就会扩展胸腔，促进血液流动，大脑的疲劳感就会消退，所以喜欢运动的人会更有自信。

期望值过高，目标无法实现也会让人产生悲观情绪，所以悲观的人需要及时调整自己的目标。因为期望值过高，人们总是达不到目标，就会感觉生活很不顺，但其实并没有失去什么。设定一个能达到的目标，获得感就会增强，从而也会增加自己的自信心。

所有人都会有非常热爱的事物，有的人爱家人，有的人有梦想，这些都是身处逆境时，坚强活下去的精神支撑。所以悲观的人需要找到自己存在的意义，不要因为眼前的困难而放弃更有价值的东西。

著名心理学家弗兰克尔是 20 世纪的一个奇迹。纳粹时期，作为犹太人，他的全家都被关进了奥斯维辛集中营，他的父母、妻子、哥哥，全都死于毒气室，只有她和妹妹幸存。

弗兰克尔不但超越了这炼狱般的痛苦，更将自己的经验与学术结合，开创了意义疗法，替人们找到绝处再生的意义，也留下了人性史上最富光彩的见证。

弗兰克尔一生对生命充满了极大的热情，67 岁仍开始学习驾驶飞机，并在几个月后领到驾照。一直到 80 岁还登上了阿尔卑斯山。

他写的书《活出生命的意义》曾经感动千千万万的人，它被美国国会图书馆评选为最具影响力的十本著作之一。到今天，这部作品销售已达 1200 万册，被翻译成 24 种语言。

每个人都会有悲观的时候，都曾会体会过失落和难过，但悲观就像是漆黑的夜晚，只有正确面对悲观，才能走出情绪的阴影，迎接明天的朝阳。在流年似水的岁月里，每个人都渴望生命永远如花灿烂，永远生机勃勃，活力四射。然而所有的活力生机都是来自于一个人对周围人物和事物的热情期待和乐观的心态。我们无论何时，都不要对生活失去信心，因为乐观，将会是一个人无穷魅力的体现，将会遇见美好。

勇敢面对自己的坏情绪

叱咤硅谷的前企业家、现风投大佬 Ben Horowitz 在他的畅销书《创业维艰》中坦言："最难掌握的 CEO 决胜技是什么，就是对自己内心的控制，组织设计、流程设计、指标设置以及人员安排都是相对简单的工作，对情绪的控制才是最艰难的。"

我们要学着接受生活带来的坏情绪，做一个不动声色的人。接纳坏情绪不会让我们变得无能，而是让我们重新出发，挖掘另一种拥抱幸福的方式。正如村上春树所说："要做个不动声色的大人，不准情绪化，不准想念，不准回头看。"

王作成是一个公司领导，工作中他谈笑风生，丝毫不会因为某些糟糕的事而影响心情。他常常对自己的员工说："这源于一个人的经历，经历越多，越敢于正视内心的坏情绪。"

初入职场时，王作成不小心把上司交代的事情搞砸了，直接被扣了一个月奖金，受到公司记名处分。王作成当时真的很痛苦，他愤恨、郁闷、悲伤、想报复，可最后还是正视自己的问题。当有同事问他是如何平复好自己的情绪时，他说："虽然自己被扣的一个月奖金很不爽，但是自己的原因造成的，就当是一个教训和警醒吧。"

可能成年人就是如此，不会轻易将情绪表露出来，往往以一种风轻云淡的语气，以咬牙坚持的勇气来对抗坏情绪。遭受痛苦不可避免，但内心会被挫折磨砺得越来越强大。

有个网友去西藏旅行，途中所有的东西都被偷走了，当时他内心所有的不满情绪都溢了出来，恨不得立马找人发一通脾气。可后来他还是选择硬着头皮继续走下去，最后还是依靠着路上借东西走完了接下来的路程。他说："在那段旅程中，所有坏情绪都被沿途的美景治愈了，那些不好的经历也成为记忆中的故事，偶尔从嘴巴说出来，也是一段美好的回忆。"

坏情绪带来的痛苦能让内心更加强大。经历痛苦时，一种人会消沉，再也燃不起生活激情，另一种人能化痛苦为动力，让自己变得更强大。歌德曾说："痛苦遗留给你的一切，请细加回味。苦难一经过去，苦难就变为甘美。"坏情绪让我们感受到幸福的浓烈滋味，增加了生命厚度，更深层次挖掘了"自我"。

内心强大的人必然懂得克制自己发脾气，试着接受生活中的坏情绪，如此幸福感才会更强烈。每个人都有情绪失控的一瞬间，不去控制它，容易对自己产生极大危害。只有去面对，日后它也只是一种谈资，一种记忆。每个人都有自己的情绪，这是先天性因素，正确面对它们就是正确认识自己。

安抚好情绪之后才能明白，痛苦是成长的必经之路，不论已经发生了什么，我们都将用积极的心态去面对，相信人生没有过不去的坎！

王玲华的儿子在一次车祸中去世了，此后，王玲华整日处于毫无生气的情绪中。不久后，她辞了职，决定远离这个伤心之地，只身去远方了却残生。出发前清理东西时，她忽然发现一封早年间儿子写给自己的信。那是当时丈夫去世时儿子写给她的。信上写道："我知道你会撑过去，你曾教导我不论在哪里，都要勇敢面对不幸，你是世界上最伟大的母亲。"王玲华一遍又一遍读着这封信，痛哭流涕。

一番思想挣扎后，她决定振作起来，将之前的低落情绪清理干净，将记忆永远封存心底。身边的人都说她很坚强，她却不止一次说："不是坚强，而是没办法，事情已经这样了，生活总要继续，既然改变不了，就只能选择面对。"

长大后，我们失去了一部分心灵自由，逐渐学会了掩藏和压抑坏情绪。物价上涨、亲人期盼、朋友攀比、无法完成领导的任务……烦心事累积在心头变成了坏情绪的爆发点。

无法改变环境，但是可以改变自己的心境，所有情绪的产生都是合理的。不要因为产生了坏情绪就急于否定，你越是抑制坏情绪，它就越像弹簧一样，一个劲儿往外窜。人心对负面情绪的压抑也是如此，反作用力远大于作用力。比如，坐过山车前，你越告诉自己不要紧张，结果越紧张。

《奇葩说》中，一向以"雷厉风行的女强人"形象示人的马薇薇在生活中也会有各种负面情绪。有一次辩题是："如果有一杯忘记悲伤情绪的忘情水，你会不会喝？"黄执中团队支持喝，马薇薇则支持坚决不要喝。她说自己曾经尝试过"忘情水"治疗，但是这种方式麻痹了情绪反应，失去了感觉。反而当她积极面对痛苦情绪，接纳痛苦，从中看到了痛苦的意义之后，才得到了收获和解脱。

如何面对坏情绪呢？面对坏情绪时要允许自己哭，可眼泪往往是成年人的奢侈品，不论遇到多少糟心事，大多数人选择忍气吞声，往肚子里咽，对于男性而言就更不会哭诉了。在情绪糟糕的时候，哭是一个很好的释放途径。虽然哭不是一件光荣的事，但至少要为自己保留一份哭的权利。

还可以写写日记，把烦闷不堪的坏情绪丢给日记本处理。向日记宣泄时，不用顾忌字体和语言是否优美得当，可以肆意写下任何想说的话。这种方式可以随时将坏情绪搬出来审视，面对坏情绪的同时，还可以与自己对话，不仅将坏情绪消化掉，而且可以找到激励自己的方法。

勇于接受自己"懦弱"的一面，承认、直面坏情绪，当坏情绪摆在面前却不再是问题的时候，就意味着我们真正成长了。

拥有不抛弃不放弃的精神

手术台前连续奋战七八个小时，医生累瘫在地上；打工仔深夜加班赶不上末班车，只能走回去；短时间内某项目难题攻克不下，有没有想过辞职？生活中，因为接连遭遇重大变故，事事不顺时，有没有想过逃避？每个人都不容易，谁都有被苦难沮丧扼住喉咙的时刻。为什么不敢再坚持一下？俄国诗人普希金有一句诗："假如生活欺骗了你，不要悲伤，不要心急！忧郁的日子里须要镇静：相信吧，快乐的日子将会来临。"无论如何也不能放弃希望，这样幸福才会来敲门。

在电影《当幸福来敲门》中，男主投资失败，妻子离开，他只能和儿子风餐露宿，一边推销医疗器械，一边为了留在股票证券公司而努力，他付不起交通罚单，交不起房租，只好带着儿子在各大收容所里辗转度日，有时候躲在卫生间里流下无奈又伤心的泪。

可他顶住了压力，靠着实习期间近乎完美的表现，获得了股票经纪人的工作，成功敲开了幸福的大门。当老板宣布他被正式聘用时，男主眼中含着喜悦的泪花，展现出一往无前的坚毅神情。

人生本来就艰难又心酸，真实的人生无论怎样都不能放弃，保持一种年轻无畏的心态，用坚持下去的毅力和勇气面对每一次的失败和挑战，我们真的没有一个正当的理由放弃生活，与其唉声叹气、自暴自弃，不如选择坚持希望，热爱生活。

一位外卖小哥凌晨时依然送着外卖，突然妻子来电："孩子突然高烧，赶紧买药！"由于耽误了时间，顾客取消了订单，并且投诉他。他甚至没来得及与顾客解释，看着手里的外卖和罚款，内心充满不甘、委屈，一边啜泣，一边自言自语："自己真没用。"然后擦擦脸上的汗水，重新接单。

尼采说过："受苦的人，没有悲观的权力。一个受苦的人，如果悲观了，就没有了面对现实的勇气，没有了与苦难抗争的力量，结果他将受到更大的苦。"掩面痛哭也好，短暂的放弃也罢，过后还是要咬牙挺住。

一个拳击运动员曾说过："当你的对手打你的左眼时，请睁大你的右眼，这样才能够看清敌人，才能够有机会反败为胜。如果右眼同时闭上，那么你受伤的将不仅仅是眼睛。"如果惧怕挫折，就很难做到不抛弃不放弃。人生何尝不是如此？生活让你受了伤，你选择放弃，那么失败就会接踵而来；你选择更加坚强，成功就在不远处向你招手。

美国百货大王梅西第一次做生意时，开了一间小杂货铺，但是铺子很快就倒闭了。一年后，他又开了一家小杂货铺，结果又失败了。后来梅西又跟随淘金者，在"淘金热"盛行的加利福尼亚开了一家小饭馆。本以为供应淘金客膳食肯定稳赚不赔，结果大多数淘金者一无所获，这样一来，小饭馆很快又倒闭了。

遭受多次创业失败，梅西伤心欲绝，他常常自我责备，几乎想要放弃继续创业。情绪低落之下，他只好回到马萨诸塞州，就连家人都劝他老老实实找份工作干，别再折腾创业，但他却有自己的坚持。缓和了一段时间后，他又满怀信心地干起了布匹服装生意，这一次不是简单倒闭，而且彻底破产，赔了个精光。

在家人的极力反对之下，梅西依旧跑到新英格兰做布匹服装生意，这一次，他时来运转，最终在曼哈顿中心地区成立了以自己命名的公司，后来成为了世界上最大的百货商店之一。

大多数人经历过失败，会怀疑自己的能力，那股往前冲的魄力也渐渐消磨殆尽，这是一种自暴自弃的表现。成功者从不言败，在挫折面前总是坚持不抛弃、不放弃原则，而自暴自弃的人总认为挫折等于彻底失败。

列夫·托尔斯泰说过："请记住，环境愈艰难困苦，就愈需要坚定毅力和信心，而且，懈怠的害处也就愈大。"成年人的世界没有"容易"二字，即使遭受磨难，也要咬牙坚持，因为无数前人经验告诉我们，过了最黑的夜，黎明即将到来。

比如，你做出的文案连续几次被打回，与其抱怨对上级的不满，或者想辞职走人，不如多思考一下上级给出的意见，然后改正就是了。一走了之虽然逃避了情绪，却给别人留下了"能力欠佳"的口实。工作中一时不顺不要紧，冷静思考难点，找到最合适的解决办法，用攻克难题来补偿心里憋下来的闷气。

坚强的人从不会自暴自弃，不抱怨别人，把命运掌握在自己手中，那些在现实中取得大成就的人不一定拥有高智商，但一定是不抛弃不放弃的人。很多成功的大人物都曾经自曝自己不是上天眷顾的宠儿，比如，任正非、马云等人，他们当初创业十分艰难，咬咬牙还是走过来了，取得了让世人瞩目的巨大成就。

对每个人来说，生活就是一场残酷的战争，最终成败的决定权在于心态和毅力。无论遭遇怎样的变故、困难，只要坚持下去，你会发现真的没有什么了不起。能够从荆棘丛中站起来，不放弃自己，不抛弃希望，坚定向着目标奋力前行的人，即使再坎坷的路又有什么好怕的呢？逆境中不放弃，下一秒就可能是另一番新天地。

所有磨难都是最好的礼物

"痛苦能够毁灭人，受苦的人也能把痛苦毁灭。创造就需苦难，苦难是上帝的礼物。"贝多芬失聪后如此感慨道。出彩的人不会一帆风顺，没有经过坎坷注定碌碌无为，不能盼望风平浪静，要勇于在汹涌的波涛中乘风破浪，成为生活中的强者。

美国总统林肯从小家贫如洗，为了维持生计，他开始经商，结果两次破产，仅还清债务就花了十六年时间。之后，他决定走进官场，可是一连落选八次，每次失败都是对自己内心的沉重打击，可每次又是养精蓄锐、积累经验的机会，终于在十次失败后竞选成功。

苦难本身存在着价值和意义，只是人在受苦的时候才会开始思考这些问题。关于苦难价值的解释，苏格拉底说："没有受过考验的人，是不配活在这个世界上。"孟子说："天将降大任于斯人也，必先苦其心志，劳其筋骨，饿其体肤……"

苦难可以使人产生清醒的自我意识，进行自我反思，客观分析利弊长短、成败得失，并能够在短时间里选定突破方向。只有经历过苦难的人，才不容易被吓倒，不容易失去志气，才能淡定从容面对任何磨难。

既然我们已经向生活缴纳了"学费"，不如抓紧学习机会，把对苦难的偏见转化成客观的认识。苦难对生命的正面价值在于要有生存的勇气、奋斗的勇气、挣扎的勇气。从外皮到内心，从筋骨到身体都要受苦，从中吸取经验教训，塑造坚强、成熟的人格，这一切都需要建立在没有被苦难打倒的前提之下。

一位知名企业家在讲座中谈到他的创业史，接连不断的挫折与磨难，一次次置之死地而后生的传奇经历。讲完后，企业家说："苦难的确是一笔财富，造就了今天的我。假如把创业过程中经历的几次苦难明码标价，每次苦难的价值都值几百万元。"

企业家刚说完，一位听众问道："先生，你说苦难是财富，书上也说苦难是财富，可当我真正在现实里承受苦难时，却觉得它一文不值，而且像魔鬼一样折磨着我，我的自尊、事业、财富、爱情都没了。"其他人也开始发问："这个世界上不知有多少人在苦难中默默死去，对他们来说，苦难也是一笔财富吗？"

企业家笑了笑回答道："苦难只是苦难，本身并没有价值，是我们的思想赋予了它价值。而这个价值的利用前提是你必须彻底战胜苦难。如果不能从苦难中总结出宝贵经验，肯定体会不到苦难是财富。我想每个人都希望别人敬慕自己经历苦难之后而成功，而非让别人同情你的经历苦难。请以信心、智慧、毅力给苦难赋予价值吧。"

巴尔扎克曾经说过："苦难对于天才来说是一块垫脚石，对于能干的人是一笔财富，对于弱者是万丈深渊。"爱我所爱，恨我所恨，非常容易，难的是让你去"爱"仇人，我们会认为苦难就是仇人，会恨不得一脚踢开。

其实我们应该为自己经历了更多苦难而庆幸，虽然经历了磨难，但是我们还活着，而且会更好地活着。因为苦难让你不断进步、不断强大，今后面对新的苦难时会发现，因为之前经历了太多就会觉得它并没有那么可怕。

各个领域都充满了竞争，我们不能总奢望一切都按照自己的意愿发展，无论你觉得世界多么难，它就是这样存在。或许你现在被磨难折磨到情绪崩溃，如果有幸某天达到了一定人生高度，可以回头看一下，到底是什么真正促使你一步步走向成功的？更多时候不是亲人、朋友的鼓励与支持，而是我们经历的磨难激发了潜能。

这一路走来，最值得回味的并不是得意时高奏出来的凯歌，而是在生命最低处昂扬的旋律……

很多事情并没有想象中的坏

"是不是觉得我做得很差啊？老板不会对我失望了吧……"不小心逾期了老板临时交代的任务，发过去以后半天不见回复，心情焦灼得不行。其实老板觉得很好，他只是很忙，忘记了回复你。

女孩打电话给男友，要是嘟了好几声才接或干脆没接，女孩心中会忐忑不安，感觉他在跟别的女人约会，其实他只是在开会，不方便接电话罢了。

早上起晚了，上班路上想着自己的生活太糟糕了，连早饭都顾不上吃。但那天早上，公司竟然给每人都发了一份特别营养早餐。

……

我们总是擅长把事情往坏处想，在无事实佐证的情况下，将单方面猜想和假设定为"事实"，用"无中生有"的方式影响心情。这仿佛盲人摸象，只能凭借有限经验猜测可能发生的事，而事实可能与想象大相径庭。

赵晓华已经找了一个多月工作，到这家公司门口时，已经迟到了半个小时，而且更悲剧的是，自己到了公司门口才发现忘记带简历。他第一想法就是"要不这个面试就算了，忘带简历，这在面试官眼里属于态度不端正，肯定过不了面试。"

但是赵晓华内心很中意这个工作，直接放弃面试机会太过可惜，而且房东又催房租了，思前想后，他还是准备试一试。结果整个面试过程很顺利，当场被录用，面试官并没有因为他忘记带简历而刁难，反而安慰他不要紧张。

回到家里，正好碰到了前来收租的房东，本来赵晓华还想着怎么找借口拖一下，毕竟在他的脑海里，房东眼中只有钱。可是房东了解到他的情况之后，立马表示这个月的房租可以推迟一个月。赵晓华心中一暖，觉得自己的生活也没有想象中那么糟糕。

那些我们觉得很严重的事情，很多时候只是"纸老虎"罢了。心理学上将这种能够引起消极情绪的思维称为"自动化思维"，常出现在臆想、白日梦以及幻想中。比如，你能在头脑中构想出明天跟相亲对象约会的场景，并想象你们会出现尬聊，不愉快；还可能想象出今晚与讨厌的人见面，可能展开争论，他会指责你什么，你将如何回应他等画面。

这种人不断在头脑中重复那些不会发生，也根本不会去做的事，并当作事实来看待，认为事情没有最坏，只有更坏，由此陷入极端焦虑、紧张等情绪中，甚至以此决定行为。比如，"我看那个人长那么丑就不舒服，他一定是个坏人"、"考不上清华北大，我这辈子完蛋了"。

成长本来就要付出代价，一次坏结果并不代表着你永远都会这样。当我们出了差错，不要放大到永无翻身之日，事情没有想得那么糟糕，失败和错误也只是暂时的，保持好的情绪状态，说不定会收获意外惊喜。

董文娟与男朋友一直幻想着未来的生活，结婚、生子、拥有一个属于他们自己的小窝。不料，二十九岁生日那天，董文娟失恋了，一段维持多年的感情就这么没了。她的家里已经同意两人婚事，当她打电话过去的时候，那边却犹豫不定，支支吾吾，最后甩出一句："我不想跟你结婚了。"这句话犹如晴天霹雳，董文娟以为他跟自己开玩笑，却再一次得到肯定回答。她在电话里哭着，不断提起以往，即使前些日子情人节她还收到了他的花。

刚分手的时间里，董文娟几乎夜夜失眠，深夜时分总会有他的影子在脑海里漂浮不定。有一天早上，董文娟照镜子时，看到了镜子中那个眼窝深陷、眼泡囊肿，外加头发凌乱的邋遢女人，她突然意识到自己应该做点什么来拯救自己。

她买了一身简单的运动装，办了健身房的会员卡，主动承担起了老妈做饭的重任，总之把当初为了他而放弃的一切爱好统统捡起来，所有可以利用的时间都安排得满满当当。

董文娟很快走出了失恋的阴影，她在日记中写道："以前总以为失恋了，整个天就塌了，现在觉得失恋并没有想象中那么糟糕，我失去的不过是一个不爱我的人，除此之外又没有损失什么。如果和一个人在一起让你患得患失，浑浑噩噩，那早点分开还真是一种解脱。"

如果能够在困境中保持乐观积极的心态，事情很可能发生转机。莫泊桑有句名言："人的脆弱和坚强都超乎自己的想象。有时，我们可能脆弱得一句话就泪流满面，有时，也发现自己咬着牙走了很长的路。"

不要被想象困扰，不要把事情想象得过于糟糕，好好把握当下，大步往前走就好。在困境中坚持一下，再坚持一下，你会得到一个满意的答案。

学会倾诉自己的遭遇

当我们遇到困难、没有任何头绪而情绪烦躁时，为何不找个朋友，两个人喝点小酒，向对方诉说烦恼，或许他可以帮着拿拿主意，不至于我们自己默默承受；谈恋爱时和对象吵架时，特别生气委屈，不妨找个人倾诉一下，对方开导之后，心里也就觉得没多大事，和同事意见不和，发脾气，吵架，这时就需要一个和事佬，跟他倾诉发生的一切，缓解两人之间的尴尬局面。

吉格斯曾经说过："态度决定成败，无论情况好坏，都要抱着积极的态度，莫让沮丧取代热心。生命可以价值极高，也可以一无是处，随你怎么去选择。"人生最大的破产就是丧失对生活的热情，所以当你遇到事情后，一定要敢于敞开心扉，不要让坏情绪憋在心里，成为压死骆驼的最后一根稻草，找个人倾诉一下烦心事，何乐而不为。

"他现在对我越来越冷淡了，宁愿打游戏都不愿和我说一会儿话。我跟他说话时，他好像聋了一样没听到！后来我们总是为鸡毛蒜皮的小事争吵，好像除了吵架之外，两个人之间没有什么共同话题，吵架多了感情越来越不好，可每次都是我不停在迁就他，所以最后我们还是分开了。"

当孙冉冉向母亲述说完刚逝去的感情后，她长长出了一口气，仿佛把积压在内心最深处的委屈情绪全部吐露出来，之前还为感情要死要活的女子，第二天已经走出了失恋的阴影。

"我很用心完成了策划案，可上司没有给我反馈，后来我才发现他竟然完全忘记了我这份文件，而新来的小李能力明明不如我，却很招上司喜欢。更让我生气的是，有时候上司自己做错的事，却让我背锅，当我为此发怒的时候，人人都觉得我是在掩饰过失，好像真的变成了我没理，一气之下，辞职不干了。"赵雪松说完这一番话，举杯一饮而尽。

"雪松，你的做法很正确，有这样的上司，赶紧走人。"朋友在一边安慰道。得到朋友理解的赵雪松眉头瞬间放松下来，在公司受到的委屈全都烟消云散。

长期不发泄坏情绪，放在心里自己消化，很可能积郁成疾，摧毁一个人的心理防线。比如，对于抑郁症患者来说，心理专家会告知他们的亲朋好友，要多与患者沟通交流，接受他们的倾诉。

人是社会动物，这不仅体现在行为聚居上，也体现在语言交流上，当一个人承受的心理压力太大时，倾诉能为其内心带来归属感，从而减轻心理压力。很多人经常选择自己承担压力，不好意思告诉家人，忽视了亲情在心理减压中的作用。

最简单有效的"减压"方法就是学会倾诉，当觉得承受了太大压力时，主动找人倾诉，不要深藏心里，若遇到不愿向人张口的事情，其实还可以向自己倾诉，对着镜子向另一个自己倾诉，冷静打量自己。

在不少高度机械化和程序化的企业中，员工精神长期处于高度紧张状态，为了缓解员工们工作压力所带来的紧张感，公司专门设立了"减压室"。在减压室入口放上哈哈镜，人站到镜子前面，看到自己如同黄瓜一样细长的面孔，扁平的身子。然后可以自言自语，将一天的糟心事说给自己听，这种做法灵活运用了镜子审视自我的功能。

人都害怕孤独，谁也不想郁郁寡欢，倾诉是一个被感知的过程，当我们找到合适的倾听者，就容易在倾诉中感知自己的存在。

王晓晴来公司半年便坐上了主管的位置，其实她当上主管后，并没有像表面上看起来那么快乐。因为同事间勾心斗角、站队问题时刻困扰着她，还有传言说她半年就当主管，肯定用了见不得人的手段。她在心中为此烦躁的同时，却不得不在表面上假装淡定。但每天只要一上班，她就觉得心情压抑。工作效率也大不如从前，因为几次差错，被领导多次批评，这更让她的心情跌入低谷。

看着女儿像变了个人，父母开始试着跟她沟通。只是简单地向父母倾诉了工作中的苦闷，王晓晴顿时觉得心中轻松了一大块，再加上父母悉心开导，积极献计献策，王晓晴又恢复了往日的神采。

倾诉最重要的一点是有一个好的倾听者，对方有足够的时间和耐心，倾听你的气急败坏和焦虑万分，感你所感，更不会随意否定、批评你。比如，父母，好哥们，好闺蜜，最好选择了解你的人。

人都害怕孤独，谁也不想郁郁而生，把生命中的难过和失落都深埋心底，其实是在等待一条出路。打开自己，拥抱内在的真实，当埋藏在内心最深处的情绪被看见、被理解的时候，我们才能感受到温暖和幸福。

让不快有正确的发泄渠道

当自己产生坏情绪后，要立刻找到当事人吵闹吗？还是憋屈在心，一个人在墙角默默流泪？生活中总会碰到一些难以忍受的情绪，我们也习惯性地认为只要能够把不开心宣泄出来就是有益的，事实却并非如此。

苦闷情绪充满了负能量，随意倒给别人，很可能会伤害了别人，还可能会给我们带来更大的麻烦。当我们想要发泄内心的不快时，一定要注意找一个合理的发泄方式。

刘德华唱过一首《男人哭吧不是罪》，歌中劝大家尝尝阔别已久的眼泪滋味，"哭"是排解不良情绪的好方法之一。但是大家往往不会选择哭，认为"哭"是没面子、懦弱、不成熟的表现。看看那些天真的孩子们，一旦有不开心的事情，也不会顾及场合，不需要看任何人脸色，随心所欲，想哭就哭。想成为没有烦恼的天使，那么请允许自己哭吧。

两个多月的时间，王贤都没有找到工作，内心焦虑之余，女朋友也在此时提出分手，接着就是几十个面试接连被拒。因为资金短缺，他只能住在几平米的地下室里，白天面试，晚上窝在地下室，家里时不时来电话问他工作的事情，他也不敢和家人说实话，就这么一直憋在心里，王贤感觉心太累了。

有一天，王贤面试回来时路过一家面馆，早已饥肠辘辘，却发现手里连吃一碗面条的钱都没有。王贤越想越觉得委屈，一个人大哭起来，擦干泪水之后，感觉心中的烦闷少了许多，明白了日子还是要往后过，咬咬牙，接着找工作。

关于哭泣这种发泄方式的作用，南佛罗里达大学的乔纳森·罗滕贝格曾经做过测试，发现经常大哭的人更能改善心情。如果你是一个好面子的人，独自一人时不要压抑自己，放声大哭是最好的选择。

发泄情绪是一个了解自己，与自己和解的过程。只有把不良情绪发泄出来，才能发现引起情绪波动的真正原因，从根本上管理情绪。情绪释放的过程必然伴随着痛苦，要拿出勇气翻开心中的阴暗面，比如，哭的时候肯定想着如何伤心，只有这样才能冷静下来，去解决问题。

张萌在日记中这样写：本来今天去商店买衣服，心情不错，回到家却发现找我的零钱中有 50 元假币。我一时气不过就跑回商店，将假钱和衣服扔在柜台上，要求退钱。结果跟服务员吵了起来，引起了好多人围观，最后不了了之，惹了自己一肚子火气，连中午饭都没吃下去。

现在我已经冷静下来了，仔细想想，还是自己太冲动，钱确实是假的，那也只能怪自己当时没看清楚，万一那个服务员阿姨也没有发现那是假钱呢？如果我当时能心平气和解释清楚，即使不退钱，也不至于发那么大火，以后一定要减少这种不理智行为。

写日记可以把自己情绪由坏变好，由波澜到平静的过程全部描述出来，还能将事件的前因后果合理分析出来，既发泄了不良情绪，又能分析情绪变化是否合理，比起向人倾诉，给别人倒苦水，或自己憋着闷气哭泣，这种将情绪发泄给日记的方式更"无公害化"。

很多人发泄情绪时选择喝酒，虽然喝酒可以麻痹自己，解决情绪困扰，但是喝酒有很多负面影响，其实有效的情感宣泄渠道还有很多。

比如，唱歌，有事没事唱两嗓子是比较有效的情绪宣泄方式，郁闷时可以去唱歌，高兴时也可以唱出来乐呵乐呵。唱歌的地点就多了，不必像"哭泣"那样躲着人，KTV，家里，公园里……伴随着音乐舒缓胸臆，平复情绪，不快随着歌声烟消云散。

根据自己的实际情况打打羽毛球，网球，篮球等，能让身体出出汗就行，一场球下来满身大汗，烦恼随着疲惫一扫而空。还可以坐着喝喝茶，什么季节喝什么茶，怎样健康喝茶，都需要用心学习和揣摩。心情不好时，约上几个朋友，围在茶桌旁边喝边聊，一切烦恼自然随着茶香而去。

此外还有创立仪式感、静坐、做家务、享受下班时光……总之，做自己喜欢的事情，分散注意力，有助于缓解消极情绪带来的不适感，具体选择时，要结合自身实际情况和个人爱好。

平常看见有人宣泄情绪，一般大家都会劝他坚强，这样把坏情绪憋在心里很不明智。生活赋予人太多磨难，凭什么一直忍让？及时发现情绪变化，及时控制和疏导情绪，才能做到"药到病除"，时刻保持好心情。

不以物喜，不以已悲

人生就是一个得与失的过程，得到了名人的声誉、高贵的权力，却失去了普通人的自由；得到了巨额财产，失去了淡泊的欢愉。获得利益时，人们大都喜上眉梢，失去的时候，往往会耿耿于怀，患得患失是我们大多数人的共同点。如果在得与失之间不停徘徊，一生都将处于痛苦之中，如果能做到"得不喜，失不忧"，少一点患得患失，就能多一点快乐。

尤利乌斯先生是一个德国画家，因为他在生活中从来都是一个快乐的人，所以他画中的内容也都是快乐的世界，即使他会因很少有人买画而有些伤感，但也只是一会儿。

有一天朋友劝他说："玩玩足球彩票吧！只花两个马克就可以赢很多钱！"性格随和的尤利乌斯听后真的花了两个马克买了一张彩票，并且中了50万马克。

朋友前来祝贺说："你多走运啊！现在你还经常画画吗？"尤利乌斯笑着说："我现在只画支票上的数字！"尤利乌斯买了一栋别墅，他很有品味，装修的时候买了阿富汗地毯、维也纳柜橱、佛罗伦萨小桌、迈森瓷器以及古老的威尼斯吊灯等。

装修完毕之后，他满足的坐下来，点燃一支香烟静静享受着美丽的新居，忽然想到应该去邀请朋友来参观一下，于是就像往常一样，随手把烟头往地上一扔，马上出门了。燃烧的香烟躺在地上，点燃了华丽的阿富汗地毯。

一个小时以后别墅变成了火的海洋，直到完全消失在灰烬中。朋友很快知道了这个消息，跑来安慰尤利乌斯："尤利乌斯，你真是不幸啊！"

尤利乌斯反问他们说："我怎么不幸了？"

"大火造成的损失啊！你现在什么都没有了。"

尤利乌斯回答说："这并没有什么的，不过是损失了两个马克而已。"

物质的得失是人生的常态，尤利乌斯做到了不以物喜，不以己悲，所以才拥有了平和宁静的心境，不因人生的得失而困扰。生活中，有许多人因为不加控制的欲望而浮沉被动，一旦得不到满足，便好似掉入寒冷的冰窖一般。生命如此大喜大悲，哪里还有平静和快乐可言？

魏晋时期的竹林七贤本是隐士高人，他们在竹林中饮酒赋诗，过着神仙般的生活。但最终分崩离析的原因就在于部分人耐不住那份清凉与寂寞，红尘诱惑让他们内心蠢蠢欲动。

不以物喜，不以己悲是一种静美的人生哲学，一切大智慧、一切摆脱烦恼的秘诀只在日常生活中，而不在沧桑变迁间，有丰富的人生经历后，才能明白"历经千山万水，原来只隔着一条溪流"。

季羡林曾经说过："走运时，要想到倒霉，不要得意得过了头；倒霉时，要想到走运，不必垂头丧气。心态始终平衡，情绪始终保持稳定，此亦长寿之道也。"

范仲淹在岳阳楼记上感叹道："嗟夫！予尝求古仁人之心，或异二者之为，何哉？不以物喜，不以己悲。"范仲淹之所以能够获得如此成就，不怨天尤人，保持积极乐观的心态，实在得益于"不以物喜，不以己悲"的思想境界。

战国时期，北部边城住着一个名叫塞翁的老人，一天他的马群中忽然走失了一匹马，邻居们听说后，跑来安慰他。塞翁见有人劝慰，笑道："丢了一匹马损失不大，没准会带来什么福气呢。"

邻居听塞翁的话，心里都觉得好笑，明明马丢了是件坏事，他却认为是好事。几天后，丢失的马不仅返回家，还带回一匹匈奴的骏马。邻居听说了，向塞翁道贺："还是您有远见，马不仅没有丢，还带回一匹好马，真是福气呀。"

塞翁听了邻人的祝贺，一点高兴的样子都没有，忧虑道："白白得到一匹好马，不一定是什么福气，也许会惹出什么麻烦来。"邻居们以为他故作姿态，其实心里明明高兴。

塞翁的儿子发现带回来的那匹马身长蹄大，嘶鸣嘹亮，于是每天都骑马出游。一不小心从马背上跌下来，摔断了腿。邻居听说，纷纷来慰问。塞翁说："腿摔断了却保住了性命，或许是福气呢。"邻居们觉得他又在胡言乱语，他们实在想不出摔断腿会带来什么福气。

不久，匈奴兵大举入侵，青年人应征入伍，塞翁儿子因为摔断了腿，不能去当兵，免于战死的命运。

世上有一些东西是人力可以支配的，比如兴趣和志向，至于结果是什么，只能顺其自然。如果我们尽了力，结果不是最好，我们也应该坦然接受，因为人生原本就有缺憾。

但是现实生活中，我们似乎总是缺乏"泰山崩于前而面不改色"的定力与从容，难以拒绝生活的威胁和诱惑。当内心被那些事物搅乱的时候，便再也无法享受淡定人生。

朗费罗说："当你的希望一个个落空，你也要坚定，要沉着！"世上的得失都是多面的，如果我们看到的只是其中一个侧面，也许会让人痛苦，但是痛苦却可以转化，任何不幸、失败与损失，都有可能变为对我们有利的因素。

有时候得到意味着失去，失去也意味着得到。在漫长的岁月里，顺境与逆境，得意与失意，快乐与痛苦，无时无刻不困扰着我们。于是，生命里留下了无数声长吁短叹，不如用最好的心态去享受收获的喜悦，也去享受"失去"的乐趣。

去适应各种环境，不要让自己单方面的意志占了上风。不畏得失是一种修养，是对人生的一种大彻大悟，其中蕴含着自由与幸福的密码。简单来说就是把自己调整到最佳心理状态，不要将精力和物力浪费在身外之物上，恬淡地生活在纷扰尘世中。

第 四 章

气定
神闲

褪去红尘纷扰的诱惑

CALM AND PEACEFUL

人淡如菊，落子不悔

弗洛伊德说："人生就像弈棋，一步失误，全盘皆输，这是令人悲哀之事；而且人生还不如弈棋，不可能再来一局，也不能悔棋。"我们用一生去完成一局棋，棋子一个个离局而去。赢，要漂亮圆满；输，也要落子无悔。

后悔经常困扰着我们，世界上没有后悔药，人生短短几十年，我们没有时间停留在后悔中。事情一旦发生，绝非一个人的心境可以改变，不停抱怨，不断自责，只能加重情绪负担，越来越颓废。

心理学家研究发现，很多人之所以产生后悔情绪，不是因为他们此刻正在经受什么事情的折磨，而是沉浸在过去的事情中不能自拔，对于已经过去好几年的事情仍然耿耿于怀。

人是有感情的动物，很容易受到过去某些事情的影响，这无可厚非，无论怎样，过去的毕竟已经过去。我们应该想办法让自己走出昨天，而不是让心情无限期的在昨天停留，最后只能是赔了昨天，又赔今天。

2005 年时，刘晓东将自家位于北京海淀的一套房子卖掉，可谁曾想到，从那之后，北京的房价高速度一路飙升，北五环外的房子都从原来3000 多元1 平方米，直线蹿升到每平方米几万元不等，其速度让人咋舌。

刘晓东算了一笔账，自己家那套房子是 100 平方米，若按现在的价钱出手，中间的差价是巨大亏损。他悔恨说道："如果房子当初不卖，现在也成暴发户了。"平日里不管见了谁，都会凑上去念叨房子的事情，常常悔得捶胸跺脚，简直成了现代版的祥林嫂。

白天没完没了的念叨，晚上的睡眠也不好，不是梦到房子没卖，就是梦到将房子现在的主人赶走了，醒来后继续懊恼之中，整夜失眠。不久，他变得憔悴不堪，患上了轻微的精神分裂症。

这件事情搁在任何一个人身上恐怕都会感到遗憾、悔恨，但是如果让这件事主宰了自己的生活和心情，那岂不是莫大的悲哀吗？

谁都有过悔恨的事情，前两年，中国股市牛气冲天，多少人携着家底义无反顾一头扎了进去，而今在股市中不时看到"前方熊出没。小心！"，多少人眼睁睁看着大盘一跌再跌，家底顷刻间散尽，然后悔不当初，心中不能原谅自己。可人生本来就是一个输赢交错的过程，过去那些错误的决定，今天已经无从修改，与其死死纠缠，不如坦然面对。

1923 年，名不见经传的年轻画家沃尔特·艾拉斯·迪斯尼还在为自己的电影事业奋斗。他的叔叔曾借给他 500 美元，那时候，他可以选择将 500 美元入股做股东，但是这位叔叔坚持要侄子还现金。后来，迪斯尼公司在动画片上取得成功，一举发展成为美国知名企业。如果迪斯尼先生的叔叔当时选择了当股东而不是要求还现金，那么，今天他至少能获得 10 亿美元的回报。

心理学上有个词叫沉没成本，意思是说我们很难终止一件已经投入了时间、金钱和精力的事情。比如，维持着并不满意的感情关系，原因是"我们在一起都十年了"。很多人持有亏钱的股票不肯赎回，原因是"我高价买的，得等它涨回来"。

因为付出的成本而舍不得放弃，而随着成本持续增加，悔恨情绪自然也会加倍，唯有果断采取行动，才能避免进入一个更后悔的沼泽地。

现在想起过去的很多决定，就会痛心疾首，悔恨不已。的确，承认自己做了个糟糕的决定是很痛苦的一件事。过去的事情拿到现在来看，除了后悔，还应该看到教训，看到成长、成熟，这才是最重要的。谁都会做出让自己后悔不已的决定，但那并不是不可饶恕的错误，为什么要给自己设下一个樊笼，躲在过去的后悔里不肯出来呢？就连监狱里都要给犯人改过自新的机会。

Jared Kleinert 推出了一组网络课程，许诺给合伙人 1.1 万美元的预付款，但一份都没能卖出，这是一次巨大的失败。他将这段经历写出来公之于众，并仔细分析了犯错的原因，与他人分享从中得到的经验教训，改变了大家对于这次失败的看法。

Kleinert 在接受采访的时候说道："刚发布的时候，大家都说容易招来攻击，把一切都抖露出来了，但是我觉得失败的教训让人们产生了敬意。"

做了错误决定，不要光顾着后悔痛苦。花些时间了解自己哪里出了问题：是太粗心，或者是盲目乐观？了解自己的误区，制定针对性计划，糟糕的情绪会得到释放，下次你会更明智。

　　淡定做到落子无悔这一点是极难的，自己落的"子"未必永远是对的，因为世界上有太多的选择和生活方式，落子意味着责任。面对大千世界的种种诱惑，欲望无限，能得到的却有限，所以才会愤愤不平，后悔没做出更有利的选择。

　　后悔是世界上最无用的情绪，不如坦然一点去面对。时过境迁，学会原谅自己，还心灵一汪沉静的碧水。

气定神闲，才是最美的样子

每天都有一大堆事情等着做，有人忙得焦头烂额、头昏脑涨，一天下来却又感觉什么都没做，而有人却能做到忙而不乱，气定神闲。

曾经有一位公司经理来拜访卡耐基，他整日被无穷尽的工作包围，把自己弄得心烦意乱。这位经理本来以为像卡耐基这样的知名人物，其办公室里也会和自己一样，堆满各种各样的工作文件，可是卡耐基的办公桌却干净整洁。

经理感到非常惊讶，问道："卡耐基先生，你没处理的文件放在哪儿了呢？"卡耐基说："我都处理完了。"经理疑惑不解，接着问："那你今天没干的工作又推给谁了呢？"卡耐基微笑着回答："我今天所有的工作都处理完了。"

这位经理难以置信，卡耐基解释说："原因很简单，我需要处理的事情很多，但是我的精力有限，一次只能处理一件事情。于是我就按照事情的重要性，列出一个顺序表，然后一件一件处理，很快就全部处理完了。"

公司经理恍然大悟："我明白了。"几周以后，公司经理请卡耐基参观其办公室，感激道："卡耐基先生，感谢你教给了我处理事务的方法。以前，我要在这间办公室里处理堆得和小山一样高的文件、信件，有时候甚至要动用两三张桌子。自从用了你的方法以后，情况好多了，再也没有处理不完的事情了。"这位公司经理从堆积如山的工作中解脱出来，几年后成为成功人士中的佼佼者。

海斯利特有一句话："工作，越做越会工作。越是忙碌，就越会有闲暇。"每个人都在忙，但忙的质量却有天壤之别，有的人为了忙而忙，这种忙反倒成了生活糟糕的根源。真正优秀的人，凡事不会将急和忙写在脸上、挂在嘴边，而是在大事、急事前举重若轻，有条不紊，胸有激雷而面如平湖，按部就班比急慌、紧赶更能成事。

宋朝文学家苏洵曾说："为将之道，当先治心。泰山崩于前而色不变，麋鹿兴于左而目不瞬，然后可以制利害，可以待敌。"生活中不免碰到急难险重的事，须知人生如逆旅，急恰恰是乱之源，唯有坚持和蔼的心态与合理的节拍，才能走好每一步。急而不慌、忙而稳定，是一生的心态修行。

有一次，公司需要在两小时后成功举行一场大型会议。因为会议准备任务临时下发，相关单位接到通报后都心存疑难，在这么短的时间里，怎样才能快速准备好会场，并通知相关单位预备文件和会议资料呢？

大家都面带愁容时，作为总经理助理兼会议工作负责人的李默卿却不慌不忙。他把会议准备需求的任务逐一细化，提出什么要求，篇幅多长……固定到具体人，还特意指明，为节省工夫，重要事项可直接向他请示。领到任务的每个人比平常更快完成了任务，确保了会议如期举行，各参与员工无不被李默卿不慌不忙的沉稳处事深深折服。

真正的高手遇事忙碌但从不会心惊肉跳，慌了手脚，事件越忙越冷静。有种忙叫"忙而不乱"，时刻都能按照规划，完成至少一个目标，还能做得更好。由于没有正确的思维习惯和工作方法，很多人被繁忙无绪的工作追得团团转，整日焦虑不堪。

而有的人却可以一边享受着浓郁咖啡，一边举重若轻地完成工作。所以在开始每一项工作之前，要先弄清楚哪些是重要的事，哪些是次要的事，哪些是无足轻重的，这样就不会东一榔头，西一棒槌。

如此，你也可以在短暂的周末拥有干净的地板，整洁的厨房，衣橱里挂满的衣裳透着薰衣草淡淡的清香，犒劳自己一顿，并出去散心或者慢跑，这才是最好的忙碌状态。经常忙得团团转，原因是不分工作主次，没把重要工作和不重要工作分开处理，更不懂把紧急工作和非紧急工作分先后去做。

处理繁杂的工作事务时，一定要事先确定优先级排序，重要又紧急的事一定要先做，紧急不重要的下次避免出现，重要不紧急的要花时间做，防止拖得时间长了转化为重要紧急事件，又得让你忙得团团转，不重要不紧急的能不做就不做。

另外，很多事情都有关键点，只要做到关键点没问题，事情的结果就能有极大保证，所以尽可能抓出关键点，先把关键点做好。

做任何事情之前，都能要调整好心态，事情要一件一件来做，不求速度多快，但求一个稳字。思维清晰，有条不紊，才能在工作中从容不迫，提高效率。

成功时，留一点清醒给自己

最开始奔向成功的时候，人们都怀着一颗虔诚的心，谨慎走过每一步，在这个过程中得到的东西越来越多，渐渐迷了眼，乱了心，记不清楚最初要的是什么了。在奋斗过程中尚能保持清醒理智，取得成就的时候就飘飘然，趾高气昂，目空一切，将冷静自持忘却一边，很多人都因为这样，最后落得功败垂成，功亏一篑的下场。

巨人集团的创始人史玉柱曾说："人在成功时不能得意忘形"，一旦得意忘形就容易犯糊涂，做出愚蠢的事情。一个合格的成功者，必须学会用理智控制自己的情绪，在成功时保持清醒头脑，不自大、不洋洋得意、保持清醒，基业才更为长久！这像是一种鞭策，一种警告，要有危机意识，得意时一定要保持谦虚谨慎，或急流勇退，或更加发愤进取。所以衡量一个人真正的水平，并不是看他遇到困难时的反应，而是当飞黄腾达突如其来时，他能否守得住初心。

1864 年，曾国藩率领湘军攻克南京，平定太平天国后，朝廷加封曾国藩太子太保、一等侯爵，世袭罔替，并赏戴双眼花翎，以"天下第一功"封侯拜相，可谓位极人臣，名噪一时。但是聪明的曾国藩深知功高盖主之理，他没有被自己的功劳冲昏头脑，主动把功劳归于已死的咸丰皇帝和当时的皇太后、小皇帝。

曾国藩此时拥兵 30 万，掌握 14 省军政大权，占据大清王朝半壁江山。他的同僚以及弟弟劝他北上进军，攻破京师，恢复汉家江山，成为一代帝王。曾国藩却并无此心，他自知功高震主、高处不胜寒，整日如履薄冰，当即决定功成身退。

他上表朝廷请辞时，朝廷正为如何处置湘军而发愁，正好曾国藩主动请辞，朝廷立即裁撤湘军，委任其任两江总督，如此，换得一个太平晚年。

人在辉煌的时候往往目中无人，容易与人结仇，招人嫉恨，一旦有一天辉煌不再，难免遭到报复，因此身处辉煌时反而要比平时更加低调。李嘉诚先生曾讲过："我只是个普通人，我有自己的傲骨，但我清楚如果不过度显示自己，就不会让认别人产生敌意，别人无法知晓真假虚实。"

一时的成功只需努力，而长久的成功则需要不断进取，这更需要对自己的处境有清醒的认知。真正的强者不仅能在失败中坚持，更能凭借着胸怀大志，在成功的时候保持清醒理智，他们不会欣喜于眼前的一切，而会把此次成功都当成下一个成功的台阶，取得更大的成就。正所谓心中有江河，又怎会在小溪之前停步不前呢？

爱因斯坦的《相对论》取得巨大成功之后，有人曾问他："在物理学界，您已经取得空前绝后的成功，为何还要孜孜不倦地学习呢？为何不就此休息呢？"

爱因斯坦并没有立即回答这个问题，他找来一支笔、一张纸，在纸上画了一个大圆和一个小圆。然后对提问者说："目前情况下，在物理学这个领域里，我确实比你懂得略多一些，你所知的物理知识是这个小圆，我所知的是这个大圆。然而整个物理学是无边无际的。我深感自己目前的成功远不及未知，所以会更加努力去探索。"

古人云："傲不可长，欲不可纵，乐不可极，志不可满。"月盈则亏，满则招损，春风得意之时，不要留下得意忘形之态。一个人炫耀什么，说明他的内心缺少什么，急切想掩饰，急迫想被夸耀，被成功冲昏头脑的人都是内心虚弱之人。

取得越来越多的成功、做出越来越多明智的决策后，人就会产生自我满足感，骄傲情绪自然滋生，迷失自我都有一个不知不觉的过程。很多企业家、管理者曾经辉煌过、风光过，可是就在他们事业如日中天的时候，因为没能保持清醒的头脑，不可避免地走入了人生败局之中。这是人性的一个弱点，唯一可以避免的办法就是成功之后时刻警醒。

积极求取各种美好的时候，不妨思及一些成败事例，捕捉一些平和精义，使生活步调处于均衡，才不易陷入成功偏激的陷阱之中。

娱乐至死时代，别让即时快感毁了你

作家李尚龙说："在大城市里，搞废一个人的方式特别简单。给你一个安静狭小的空间，给你一根网线，最好再加一个外卖电话。好了，你开始废了。"为了自我提升，顶多看几篇"短期内迅速提升自己"的碎片化文章，打完鸡血后依然沉溺于感官娱乐之中。

这个娱乐至死的时代，获得短期的快感太容易了，十几秒可以刷完一个短视频，二十分钟可以打完一把小游戏，一小时可以看完半本爽文，微博段子张口就来，明星八卦关注如数家珍。

玩游戏、刷视频、看爽文，这些都是顺应人性，而且有及时反馈机制，你可以在短期内获得快感，哪怕这种快感是虚拟的、易逝的。对比之下，学习、健身、提升工作技能，这些项目都需要漫长的反馈周期来证明，你需要投入更多时间和精力，还不一定能看到回报。

尼尔·波兹曼在《娱乐至死》中说："毁掉我们的不是我们所憎恨的东西，而恰恰是我们所热爱的东西。"当我们不再制定计划，而是放纵自己沉溺于即时快感和虚拟成就感中，这无疑是为将来储存遗憾和悔恨。

国外医学研究机构询问了一百个在医院奄奄一息的老人："你这辈子最大的遗憾是什么？"几乎所有的回答都不是后悔这辈子自己做了什么，而是没做过什么。没有在最好的年华里修炼、没有冒过险、没有追求过梦想……靠着短期快感和虚拟满足感度日，常常被自己的负面情绪所左右，即使对现状如此不满，却也没有勇气去改变。

曾有一个 16 岁的印度男孩连续玩某个游戏 6 小时后心跳停止，医生抢救无效死亡，据家人描述，男孩非常沉迷这个游戏，甚至以绝食来抗议家人把游戏删除。但从本质上说，毁人的从来不是游戏，而是没有节制的即时快乐欲。

娱乐至死的时代，所有时间都能被碎片式的信息所吞噬，比如，《2019新线消费市场人群洞察报告》中，一份覆盖 6.4 亿人的调查，其中有 4.48 亿人使用短视频来娱乐打发时间。有很多人睡前刷短视频熬半宿，早上各种新闻头条看世界，刷完热剧刷微博……不论在地铁、商场还是厕所，几乎人人都能抱着一部手机大笑不止。

知乎上有个问题："有哪些年轻人千万不能碰的东西？"其中有一个回答受支持最高："年轻人千万不要碰的东西之一，便是能获得短期快感的软件，它们会在不知不觉中偷走你的时间，消磨你的意志力，摧毁你向上的勇气。"消磨斗志、透支未来仅仅是娱乐至死最不起眼的一个方面，更重要的是一旦沉溺于精神刺激，迷失在廉价低质的快乐中，整个人都会失去道德信仰，普世价值都会被摒弃。

"娱乐至死"并不算是一个新鲜的概念，自从尼尔·波兹曼的《娱乐至死》出版以来，这个词语就被人们无数次提及。一切公众话语、影视网络、文化宣传等都日渐以娱乐方式出现，并成为一种文化精神，让人心甘情愿成为娱乐的附庸。正如英国诗人柯勒律治所说："到处都是水，却没有一滴可以喝。"

尼尔·波兹曼在《娱乐至死》中以美国为例，讲述了 20 世纪后半叶美国印刷业没落，电视影视行业蒸蒸日上，公众话语的内容和意义发生了重大改变。政治、宗教、教育和其他公共事务领域的内容，都被电视的表达方式重新定义。在波茨曼看来，有两种方法让文化精神枯萎，一种是让文化成为一个监狱；另一种就是把文化变成一场娱乐至死的舞台。

二十世纪之前，多数人并不会持续地娱乐。因为客观条件不允许，不劳作就得饿死，真正能玩的时间很少。后来温饱得以解决，电视网络也能让人们拥有更长时间进行娱乐。其实多数人还是崇尚有限娱乐，毕竟任何一种娱乐方式都是有限的，我们讨厌的不是娱乐，而是"娱乐至死"，在这个问题上，度很重要。

受众长期沉浸于过度娱乐化的网络空间中，必然影响他们对社会议题的关注度和思考能力。从网络平台和作家角度来看，各界文化创作者都应该自觉控制娱乐质量，为大众提供健康、积极的精神作品。比如，《繁花》在网络上发表，并获得"中国网络文学 20 年 20 部优秀作品"，这说明网络中也可以诞生经典文学作品。

从我们自身来说，一方面要积极适应，另一方面要消极适应，提升艺术趣味，正如严羽的《沧浪诗话》中所说："入门须正，立志须高，学其上，仅得其中，学其中，斯为下矣。"

这在某种程度上是一种延迟满足心理，我们面对纯粹的、没有压力的快感时，心理都容易上钩，但是快感之后，会感到巨大的空虚。试想，你是否每次都有这种感觉：玩游戏、沉迷上网过后，会产生巨大的后悔、空虚感和失落感。

而长期克制即时快感以达成某个目标，最终得到的快乐、成就感、满足感真实不虚，相对更加持久。比如忍受身体和意志的双重痛苦折磨，跑完全程马拉松，这种自我实现是和那些不加延迟、唾手可得的及时行乐完全不在一个层次上。

真正殷实的快乐一定要秉持"精神至上，但不要娱乐至死"的认知，为了获得更深刻的幸福快乐，我们不能总是选择容易的那条路，有时候需要咬咬牙，走上那条密布荆棘的路。

远离诱惑，不要考验自己的定力

当今世界，纷繁复杂，到处充斥着像魔方石这样的诱惑，功名利禄、金钱美色、形形色色、五花八门。这些诱惑就像是巨大的漩涡，一旦靠近，就会无时无刻、无所不在地考验我们的意志和定力。战胜诱惑，坐怀不乱当然值得称道，但远离诱惑更为上策。

某公司准备高薪雇用一名司机，层层筛选和考试之后，剩下三名竞争者。主考官问他们："悬崖边有块金子，你们开着车去拿，觉得能距离悬崖多近而又不至于掉落呢？"

"两公尺"，第一位说；"半公尺"，第二位说起来很有把握；第三位说："我会尽量远离悬崖，越远越好。"公司录取哪一位，结果可想而知。

人生在世，随时都会面对诱惑。比如，下班后，大多数人总是想着辛苦一天，玩会游戏、追两集电视剧、刷会朋友圈……先放松下，然后再学习。殊不知，这一玩就是一晚上，不仅没有多余时间去学习，甚至连休息时间都被占用，想好了开头却没想到这结局……为此很多人懊悔不已，却总是无能为力。

我们不是高僧，不可能做到六根清净，事事保持定力。但是有一个更为直接的办法，干脆不要让自己置身于诱惑之中，不给事物诱惑自己的机会，正所谓不去试探定力才是最好的定力。

街上有一个铁匠铺，老铁匠卖一些铁锅、斧头和拴小狗的链子。他的经营方式非常传统：人坐在门内，货物摆在门外，不吆喝，不还价，晚上不收摊。无论什么时候，都能看到他在竹椅上躺着，身旁放着一个紫砂壶。他老了，根本不需要多余的收入，因此对这样闲适的生活非常满足。

某天一个文物商人从街上经过，偶然看到老铁匠喝水用的紫砂壶，那把壶古朴雅致，紫黑如墨，有清代壶名家戴振公的风格。他走过去端起那把壶仔细查看，发现壶嘴内有一记印章，果然是戴振公的作品。

商人惊喜不已，因为已知的戴振公作品仅存世3件，一件在美国纽约州立博物馆里；一件在台湾故宫博物院；还有一件是泰国某位华侨1993年在伦敦拍卖市场上，以16万美元拍下的。商人想以10万元的价格买下它，老铁匠听到这个价钱时，先是一惊，然后又拒绝了。因为这把壶是他爷爷留下的，他们祖孙三代打铁时都喝这壶里的水，出的汗也都来自这把壶。

商人走后，老铁匠失眠了，这壶他用了60年，一直以为是普普通通的壶，现在竟有人要出10万元买下它，他一时转不过神来。过去他喝水，都是把壶放在小桌子上，然后悠闲地躺在椅子上闭着眼睛，现在总会心神不宁坐起来再看一眼，这让他非常不舒服。

更不能忍的是，附近的人们知道他有一把价值连城的茶壶后，总是一拥而入询问还有没有其他宝贝，甚至开始向他借钱。他的生活被彻底打乱了，不知道该怎样处置这把壶。

后来商人带着 20 万现金，第二次登门，老铁匠再也坐不住了。他把左右店铺和前后邻居所有人招来，拿起斧头，当众把紫砂壶砸了个粉碎。老铁匠现在还在卖铁锅、斧头和拴小狗的链子，据说他已经 102 岁了。

故事中的老铁匠换成我们任何一个人，可能都舍不得下手砸碎紫砂壶，但当你真正放下之后，才会发觉原来选择是正确的，过上了自己想要的生活。永远不要高估自己抵抗诱惑的能力，因为人性是经不起试探的，一旦沦陷，就会成为诱惑的奴隶，被诱惑牵着鼻子走。

太平洋不拉斯岛蔚蓝色的海底，原本是一个安谧平静的世界，那里的鱼类互不侵犯，和平相处。但是在深海的一隅，有一块被人称为"魔方石"的巨大方石，神奇的是不管什么样的鱼种，游到魔方石附近就像染上了一种魔力，性情大变，常常与其他鱼种发生激烈冲突，平时最温和的鱼都会变得异常凶猛。

生物学家通过研究发现，魔方石本身有一种吸附力，会把一些小鱼吸附在石壁上，这些小鱼经过氧化，变成了一种十分可口的食物。不仅如此，在魔方石的石缝里有一股股温暖的泉水涌出，藏有许多的洞穴可以做窝。在石柱表面还布满了一种可以发光的水晶石，这种水晶石对鱼的刺激很大，可以使它们兴奋起来。

魔方石从吃到住，到精神需求一应俱全，因此鱼儿只要游到魔方石附近，便会产生一种强烈的占有欲，有的鱼希望获得食物，有的希望能居住在魔方石的洞穴里，更有甚者希望把魔方石永远占为己有。在利益驱使下，鱼失去了理智，变得疯狂凶残，进行生死争夺。

当今世界到处充斥着魔方石这样的诱惑，功名利禄、金钱美色，形形色色，一旦靠近，无时无刻不在考验我们的意志和定力，一个不小心就会在心里激起波澜。原来澄澈、纯净、安宁的内心就会变得喧哗、浮躁和功利。能够战胜诱惑，坐怀不乱当然值得称道，但是我等凡夫俗子，难免"破戒"，因此远离诱惑才为上策。

欲望让人经不起诱惑，不知疲倦地爬向深渊，看看那些贪官的后悔录，最初都想着做清官、好官，也都自诩财色不侵体，因为自视甚高，最终纷纷中招。《清朝野史大观》记载：刑部大臣冯志圻为了不受下属厚礼，常以"封其心眼，断其诱惑，怎奈我何"来警示自己。

人抵御诱惑的能力十分有限，战胜诱惑最有把握的办法就是远离诱惑。只有远离诱惑，才能完全阻断可能存在的危险，才能坚守一方心灵净土，独善其身，收获精彩的人生。

永远不做诱惑的奴隶

调查显示，人们在生活中遇到了挫折、听到一个坏的消息、与父母发生争吵等，事后都会通过大肆购物来减缓压力。许多人感到情绪焦虑时，都喜欢买买买，不管经济是否拮据，只要看见喜欢的东西，便狠下心买下来。他们认为购物的过程恰好能缓解压力，释放情绪。

比如，苹果11开了新机发布会后，很多人看到价格惊呼自己吃土也买不起，但是苹果手机的价格再高，也会有很多人"砸锅卖铁"去购买。其中更多的人可能是出于"苹果"能带给自己所谓高品位的身份，以此来压制心中其他方面的焦虑情绪。

但是"买买买"真的能够有效减轻焦虑情绪吗？"买买买"可能有我们不知道的副作用。调查发现，55%曾试图用购物来消除焦虑情绪的人，常常因为超出预期的消费能力而倍感压力山大。本想通过购物来减压，却反而因为过度消费而变得更加焦虑，之前的焦虑情绪还未平息，他们又必须花费一段时间来后悔和责怪为什么没有克制力。

疯狂购物的直接影响就是信用卡和账单，在热衷于购物疗法的人中，有59%的人担心无法支付信用卡账单。购物的过程会带给人们短暂的心理愉悦，但客观现实是，长期的购物需要付出巨大的经济代价，"入不敷出"也是需要警惕的问题。购物疗法所带来的新负面情绪导致再度疯狂购物，从而陷入一种恶性循环。

此外，用购物缓解焦虑无果后，反而会新增一种叫"购物成瘾"的焦虑情绪。这类人已经不限于缓解情绪压力，只是单纯为了买而买，即便经济上已负担不起，也无法停止买买买，无时无刻都想要购物，产生"上瘾"的情况。

这就是为什么最开始购物减压可能只需要买一件物品，但随着时间的推移，你发现需要购买更多的物品，才能达到之前买一件东西所能带来的快感。一旦由于某种原因，比如经济受限或者家人劝阻而无法购物时，情绪问题会更加严重，甚至掉进"狄德罗陷阱"。

十八世纪法国有个哲学家叫丹尼斯·狄德罗，有一天，朋友送他一件质地精良、做工考究的睡袍，他非常喜欢。可是每次当他穿着华贵的睡袍在书房走来走去时，心里总觉得家具破旧不堪，地毯风格和质地也与这身睡袍不相匹配。

为了与睡袍配套，他把家里的东西都换了，终于让周围的环境配上了睡袍的档次，可是他的心理反而更加不舒服，因为他发现自己冲动过后，居然被一件睡袍胁迫了。

美国哈佛大学经济学家朱丽叶·施罗尔在《过度消费的美国人》一书中，提出了一个新概念："狄德罗效应"，又叫"配套效应"，是指人们在拥有一件新的物品后，不断配置与其相适应的物品，以达到心理上的平衡。

在购物缓解焦虑情绪的过程中，我们也常常一不小心就变成了另一个

"狄德罗"。比如，女生看中了一款长靴，买下之后发现身边没有与其搭配的裙子，买了裙子发现包包不是很搭，买了包包还得去做了头发。可是当这一切终于得到满足时，你会发现自己本来只是想买一双鞋来缓解压力，结果手上提着大包小包，内心被一双鞋胁迫了。

不仅在商场里，在职场路上、在寻找爱情的过程中，我们都有可能变成"狄德罗"。很多初入职场的人认为自己能力强，职位起点要高；有的人认为自己漂亮，就必须找一个才貌双全、家境殷实的人才配得上……这些做法正是"狄德罗效应"的影响，因不满足而驱使自己不断追求平衡，标准越来越高，物欲生活变得越来越"奢侈"。

"狄德罗效应"映照出人的内心是永远不能填满的欲望黑洞，同样也告诉我们，事物本身的特质不会影响到选择，真正会影响选择的是我们赋予这件事物的意义与价值。"狄德罗效应"应给人们一种启示：如果你接受了一件非必需的东西，那么外界和心理的压力会使你不断接受更多非必需东西。

最好的对策就是了解内心的真实需要，认识到盲目心态的危害，知道自己能力大小。快乐不在于拥有了多少，而在于现在所拥有的都是需要的，当我们意识到根本不需要那么多东西来满足自己的时候，幸福感才会开始累积。

其实通过购物来缓解焦虑也是同样的道理，我们真正需要解决的是焦虑情绪，那么就应该去寻找造成焦虑的原因。比如，工作有难度而焦虑，那就找到解决的办法；生活不顺心，那就想办法把不顺心的事都解决掉。

大家心中焦虑时，不要盲目随大流，以免被奢侈品消费绑架，真正想明白内心想要的是什么，而不是被世俗逼迫着去做出某种选择，不要做物质的奴隶，也不要用物质多少来衡量心情的价值。

不要活在别人的眼睛里

当一个人拥有千万资产、豪华别墅时，他一定会快乐吗？事实上，我们幸福的程度，往往不会与钱财多少、地位高低成正比。有的人家财万贯，但每天忧心忡忡，有的人并不富裕，却活得很开心。

很多人看别人发展好坏，一是看这个人挣了多少钱，二是看这个人在单位里混得怎么样，拥有了什么职位和权力。在大部分人眼中，有钱或者有权是一种能力象征，是实力代表。这是世俗的观点，但不能说此观点完全错误，毕竟现实中的人没有几个人能完全脱俗。

有些人想被人看得起，于是疯狂积攒财富，为了上位不择手段，注定陷入追名逐利的圈套里，被名利束缚，成为名利的忠实奴仆。于是我们在现实生活里看到身边所有人都在"积极进取"，他们目标十分明确：在商场，一定要成为商场大鳄，成为最有钱的人，否则就是失败者；在官场，一定要成为最有权势的人，能够随意掌控时局，否则就不算成功者。

这种所谓的"积极进取"心理到底给那些在名利场上厮杀的人们带来了什么呢？他们在这样的环境里失去了自我，失去了作为人最本质的东西。在这场追逐中，他们并不可能总是赢家，反倒随时可能成为竞争中的失败者，甚至付出健康、尊严、生命等代价。

司马迁说："天下熙熙皆为利来，天下攘攘皆为利往。"追名逐利是人的天性，不用任何外力去干涉，就如百川东入海般自然。在名利面前，很多人都会说生命健康和意义更重要，也仅仅是说说而已。过于爱"名利"，必定付出更多的"生命"代价，这是必然的。

俗话说："雁过留声，人过留名。"自古以来胸怀大志者都不想默默活一辈子，多把求名、求官、求利当作终生奋斗的三大目标，若能尽遂人愿，真是幸运之至。

曾获 19 项国内外大奖的袁隆平说："要淡泊名利，踏实做人，才能取得一定的成就。现在少数人搞学术腐败，就是功利心、享乐心太重，急功近利，弄虚作假，到头来害人害己，只有踏踏实实地做人、做事，才能使心灵获得真正的满足。"

在金钱面前，他始终坚持只满足于基本的生活需求就行。对此，他解释道："精神上丰富一点，物质上和生活上看淡一点，因为一个人的时间与精力是有限的，如果内心总想着名利，哪有心思搞科研？在吃方面以清淡和卫生为贵，在穿方面只要朴素大方就行了。如此这样才能保持身心健康，心情也才能够愉快，事业也才能取得更大的成就。"

名利的确能带来巨大的物质利益，但是如果过分追名逐利，一定会给自己带来无尽的烦恼。萨克雷的《名利场》中的女主人公丽蓓卡·夏普一生都在不断追求名利中度过，最终她的一切心机全部白费了。作者在书中以这样伤感而又无奈的语气说道："唉，浮名虚利，一切虚空，我们这些人谁又是真正快活地活着的？谁又是称心如意地活着的？就算当时遂了自己的心愿，以后还不是照样不知足？"

人的本性与生俱来，做人做事都要顺从人的本性，若因外物而放弃了本性，是不会快乐的，而荣华富贵就是人本性之外的东西，就像是外物强加到人身上。这不是让人拒"名利"于千里之外，更多的是要把握好那个度，不可过于追逐名利。这个"度"，就是不以损害我们的健康、生命的前提为标准。

对于这些外物，我们不必因为这些寄托之物或高兴或忧愁，也不要因为这些外物而恣意放纵，以免丧失了自身，丧失了本性。

当代大学者钱钟书终生淡泊名利，他谢绝所有新闻媒体采访。中央电视台《东方之子》栏目的记者，千方百计想采访到他，最后还是遗憾对全国观众宣告：钱钟书先生坚决不接受采访，我们只能尊重他的意见。

80 年代，美国著名的普林斯顿大学特邀钱钟书去讲学，只需要每周讲40 分钟课，一共只讲 12 次，酬金高达 16 万美元，食宿全包，可带夫人同往。待遇可谓丰厚至极，可是钱钟书却拒绝了。

他的著名小说《围城》发表以后，在国内外反响很大，新闻和文学界有很多人都想见见他，一睹钱老风采，都遭婉拒。有一位美国女记者打电话说，她读过《围城》之后，迫切想见他，钱钟书再三婉拒，但是她仍执意要见。钱钟书只好幽默地对她说："如果你吃了个鸡蛋觉得味道不错，何必一定要认识那只下蛋的母鸡呢？"

1991 年他 80 华诞前夕，家中电话不断，亲朋好友、学者名人、机关团体纷纷要给他祝寿，并邀请他开展学术讨论会，钱钟书一概坚辞。

千百年来，无数人执迷追求功名利禄，宦海沉浮中有人志得意满，有人抑郁而终。千万资产、豪华别墅也好，穷困潦倒、身无分文也罢，名利不能决定你是否快乐，更不能把快乐和金钱地位画等号。

真正面对名利的时候，难免忍不住要去争一下，抓一抓，身心疲惫，实在得不偿失，要想活得轻松，就要淡泊名利。君子爱财，取之有道，用之有度，学会知足。只有坚守了人的本性，你就会成为名利的主人，而不是名利的奴隶，这一生宠辱不惊，逍遥自在。

断舍离，"少"会让你更快乐

打开衣柜看一看，里面是不是塞的满满当当？其中真正合身又适合这个季节的衣服又有多少呢？过时的外套，不想再穿的裙子，陈旧的小饰品，我们统统舍不得扔，总觉得它们还有用。另一方面在不停地买，衣柜再也塞不进更多衣服，杂物堆积如山，总觉得想穿的衣服找不到。这时你才意识到，舍不得扔的不过是看似有用的垃圾。

物品太多，是一种负担，于是有人便学会了丢弃多余东西，可丢东西只是初级阶段，清扫内心才是真正的高级。

曾经在网络中，"断舍离"是一个很火的话题。有位叫羽仔的博主，拍摄了一段丢弃家里无用东西的视频，网友纷纷评论表示从她身上看到了自己的身影，该视频竟然获得了110万高赞。

她本来只是觉得家里空间越来越小，想来一次杂物清理，清理工作开始之后才发现，无用的东西真的太多了像搬家一样：看电视购物促销买回来两个拖把和桶，一直放在洗手间，一次没用过；不知不觉购买了一大堆手机壳，用过一次之后就没有再使用过；抽屉里最杂乱的就是一堆数据线；每次带回来漂亮的购物袋子，以为放在家里会有用，然后一直扔在角落里。此外还有逛商场贪便宜买的杯子，每次生病拿一堆药等。

其实很多人都和羽仔一样，看到好看的，碰到打折促销，总是控制不住买买买，总以为很多物品以后用得上。可事实是越买越多，越存越多，用不上不说，多余的物品反而成了生活的累赘，压得内心喘不过气。

"断舍离"是由日本女作家山下英子提出的生活概念，宗旨是使人重新审视与生活物品的关系，舍弃无用物品，更多关注自我。最终目的就是为了把过去、未来的焦虑，外在的、内在的杂物都清理干净，珍惜眼前。

山下英子在《断舍离》中写道："断舍离是一种不收拾的收拾法。一旦了解了它的机制，你就能在瞬间燃起斗志，下定决心大干一场。"当我们身边没有任何多余物品时，自然会有神清气爽的舒适感。

大多数人不知道，居住空间会跟心情有密切联系，只有体验过"断舍离"的舒服感觉，就没那么不情愿收拾。很多人后悔没有通过整理旧屋，变得开心起来，而是采用逃避，搬离那个地方。不会收拾的人，搬了家也同样会面对不会收拾的窘迫。

山下英子曾说过自己的故事：她订了一年的英语教材，下决心学英语，却一直没学，便堆积在那里，每次看到那些教材都倍感压力，干脆收了起来。很久之后，一大箱子的英语教材和磁带已经被淘汰了，她只得将这箱教材处理了，心里觉得很痛惜。有时候我们囤积的物品更像是一种已经给人带来负担和精神压力的物欲。

日本有一位极简主义者，他所有的行李可以装进一个旅行包中，每天背着全部行李环游世界。在此过程中，他通过一台 Mac 创作音乐挣钱谋生，除了背包之外一无所有，似乎是一个彻彻底底的 loser。但是，他拥有了我们绝大多数人都没有的富足，抛开这些表象，他把所有时间都投入到了最喜欢的事情——旅行和创作音乐，永远知足，永远开心。

古希腊哲学家艾皮科蒂塔曾说过："一个人生活中的快乐，应该来自尽可能减少对于外来事物的依赖。"大多数人的心是被外事外物遮蔽，不能专注于本心，而专注于外物，心里想着各种琐碎杂事而躁动不安，整个人会永远处在躁动与焦虑中。

生活的主角不是物品或琐事，而是人。将所有"不需要、不适合、不舒服"替换为"需要、适合、舒服"，这才是应该学会的思考方式。该放下的执念，不妨轻轻放下，没有交集的人，不妨渐渐遗忘。

给生活做减法，不只局限在物质、物品上，人际交往和生活计划中同样适用。有不少人曾抱怨自己，大半年过去了，年初定下的计划还原封不动的在墙上贴着……若问他做什么了，他自己都不知道，平时刷刷微信、看看短视频、逛逛微博、周末和朋友吃吃饭、逛逛街……

很多时候我们以为在维系人脉，不过是消耗时间：今天张三失恋，求你开导，明天李四生日，叫你聚会……未经审视的人际关系，不是你拥有了它们，而是它们占有了你。是时候审视一下自己的交际圈，去除一些表面"人脉"，用"断舍离"发现真正重要的人是谁。

"碍事"的东西造成了思想堵塞，当扔掉一件无用的事物时，潜意识的堵塞物也被清走一个。那些清理过物品的人都有过心情变轻松的体验，这就是"断舍离"的益处。通过收拾杂物，从外在到内在焕然一新，让心灵环境变得清爽，生活自然舒服自在。

第 五 章

有条不紊

金刚也会累，放松你的身心

SYSTEMATICALLY

不和别人攀比，只跟自己比较

有些人最喜欢的不是跟自己比较，而是跟别人比较。比如，婚礼一场比一场豪华，车一辆比一辆名贵，化妆品一套比一套高档。把别人的高收入、高生活质量当成榜样，然后自己努力朝着那个方向去进取，为了追求表面上的繁华使得自身疲惫不堪。

每个人心中想要什么样的生活，自己最清楚。生活不是过给别人看的，让自己生活惬意，过的舒服才最重要。如果只会盲目地攀比，就会陷入痛苦之中。

我们每次听到别人取得了很高的成就，就非常羡慕他们。然而，无休止地攀比只是徒增烦恼罢了。即使攀比获胜也无多大意义，不如将目光放在自己身上，不求与人攀比，但求超越自己。

新东方总裁俞敏洪是一个非常成功的人，他曾面授学生超过 3000 万人次。可是他在成功之前，人生经历了众多苦难。贫穷、自卑、因为出身农村、没有文艺才华而不受北大同学待见，承受过所有农村孩子到城市受到的歧视，以至于变得异常敏感。

有一次上体育课，俞敏洪为了表现自己，在体育老师还没有讲解完游泳的技巧时，他就扑通一下跳进泳池。见状，游泳老师哈哈大笑道"我从来没见过一个人狗刨能刨这么快的！"老师的一句玩笑话，却让俞敏洪崩溃不已。

为了不让别人看不起自己，俞敏洪大一大二两年拼命学习。然而，迎接他的不是成绩上的出色，而是大三上学期的休学。由于太拼命累到吐血，最后被检查出了传染性肺结核，俞敏洪不得不在医院呆了一年。在住院的一年时间里，俞敏洪想通了两件事：第一，跟人比没有任何意义；第二，进步是关于自己的事情，只要保持自己在进步，付出足够的努力就行了。

别人的好坏与自己无关，爱互相攀比的人，努力只是为了虚荣和面子。这样的人，最后会可能会因为盲目攀比而毁了自己。比过别人又怎么样？没有别人厉害，又会怎么样？每个人都应该是为自己而活。

卡耐基在《人性的弱点》中说："生活中的许多烦恼都源于我们盲目和别人攀比，而忘了享受自己的生活。"在很多人看来，打败别人就是胜利，这是一种很荒谬的说法。老子曾说："胜人者有力，自胜者强"。每个人都会有弱点，真正的强大不是战胜别人，而是战胜自己。当一个人摒弃弱点，那么他就开始慢慢强大起来。

马云曾说："心中有敌，则人人皆为敌人；心中无敌，则可以无敌于天下。"他从不以打败别人为奋斗方向，而是一直固守为客户创造更多价值。但是，很多企业往往是将打败同行作为目标，想法设法地挤兑同行，忘记了怎样做好自己，最后只能以失败收场。

有人说："每个人出生的时候都是原创作品。"然而在成长的过长中，我们却渐渐沦为盗版，人生就变成了一篇东西拼凑的文章。我们从小就被

"别人家的孩子",工作后的那些职场精英,生活中的那些成功人士,以及让人羡慕的完美家庭等所影响。"自我比较"已经被"你看看人家"代替,在这样的被动比较中,我们不得不照着别人的样子去做。

把别人的高收入、高生活质量当成榜样,然后努力朝着那个方向去进取,这并不是一件坏事,但却非常让人心累。因为世上总有人比你活得好,这样比下去,你永远不可能满足和快乐。

很多人喜欢攀比,是为了证明自己没有被淘汰。从某种程度上来说,这会成为激励一个人前进的动力,但也会产生"比别人强就沾沾自喜,比别人弱就灰心丧气"的心理感受。如果你深陷其中不能自拔,很可能会葬送未来。所以,要想成为更好的自己,就必须专注自我成长。正如爱因斯坦所说:"每个人都身怀天赋,但如果用会不会爬树来评判一只鱼,它会终其一生以为自己愚蠢。"

曾经有个穷人连鞋子也穿不起,而邻居是个富人,有各种各样的鞋子,穷人羡慕不已,经常拿自己与对方作比较。后来穷人看到一个没有腿的残疾人,才明白了自己同样是别人羡慕的榜样。不要用自己平庸的现状去跟别人的功成名就相比较,学会用平和的心态去面对所拥有的一切,不比即为贵。

如果非要比,那就和昨天的自己、上个月的自己、甚至是去年的自己相比较。你可以看看存款是否增多,知识有没有增长,能力是否增强等。哪怕有一丁点进步,你都要肯定自己,表扬自己,只有不断超越自己,才会有面对生活,面对未来的信心。

偶尔放慢前进的脚步

快节奏的生活方式已经深入到生活的每个角落：寄信要用特快专递、拍照要立等可取、培训要选速成班、奋斗期待一夜暴富……路上到处看见行色匆匆的人，都是"我要赶时间"。人们的生活步调比以前任何时候都要快，慢生活变成了一种稀缺品。然而，只有慢下来、静下来，才可以让我们变得更加放松、惬意。

你有多久没有静下来，看一眼周围的世界了？多久没有在一个充满阳光的午后，安静读完一本书了？多久没有在一个天气晴朗的日子，带着家人外出游玩，享受生活的美好本质了？在追名逐利的道路上，我们被金钱驱使着奔波，无休无止工作，内心变得浮躁与焦灼。

精神与身心不堪重负的人们发出呐喊："这不是我想要的生活，能否悠闲一点，能否从容一点，能否节奏慢一点。"工作赚钱不过是一种生存之道，是为了满足我们对物质的需求。但是人的欲望是无限膨胀的，生活并不仅仅为了赚钱，更应该学会享受内心的那份宁静。

一个富翁难得摆脱生意上的忙碌，去海边度假。这天，他出去游玩，遇到一个衣衫褴褛的渔夫在沙滩上晒太阳。富翁出于同情，上前询问渔夫的情况。

"你作为渔夫，这么好的天气，怎么不出海打鱼呢？"

渔夫睁开困乏的眼睛瞄了富翁一眼说："我前些日子打的鱼足以维持今后几天的生活，现在我只需要享受悠闲就可以了。"

富翁继续说："那为什么你不多打一些鱼呢？那样你就可以赚更多的钱。"

渔夫问："赚钱有什么用？"富翁指了指不远处的游艇，神情得意道："赚了钱，就可以买一艘游艇，然后跟我一样在游艇的甲板上悠闲的晒太阳了。"

渔夫哈哈大笑："大老板，你瞧我现在不也是和你一样在悠闲的晒太阳吗？"

想想我们拼命工作是为了什么？赚钱？最后却忽略了生命中最简单的快乐！当一个人长期处在紧张和压力下时，不妨放慢脚步，给自己一些时间享受生活，思考生命。心理学家曾说："现代人生活步调快得令人疯狂，如果不放慢节奏，人们总有一天会精神崩溃。"

比如，对于人们而言，最能体现享受生活的事情，就是吃饭、购物。将这些事情压缩到几分几秒，人们根本享受不到快乐。更加耗费时间的会友、娱乐、旅游等让人愉悦的事情，也无从谈起了。即使一台机器，过于频繁地使用，也是容易造成磨损而提前报废。人也是同样的道理，每个方面机能都是有指标的。如果某个方面的指标用完了，这方面的活动将不能再进行。

我们常说"再不疯狂就老了"，但是对于很多年轻人来说，生活才刚刚开始，何来"老了"一说。正是因为我们太过于逼迫自己，所以常常感到时间不够用。我们真的是无法慢下来吗？其实不然，无法慢下来的原因，是我们对于时间的紧迫感、恐惧感，以及内心深处对于欲望的追求、生活的不安。

实际上，生活中没有那么多的事值得我们去做。忙是为了追求更好的生活，慢是为了享受现在生活，所谓"必须去做"的事情也没有想象中那么重要。不妨让节奏慢下来，学会适度休息，甚至强制休息。即便再忙，也要挤出打一个盹儿的时间，认真品味一下身边的美好。

饿了吃饭，累了休息，谁都无法避免，没有必要将自己绷得太紧。我们要学会放松，将多余时间拿出来做喜欢的事情。你可以找一个清静的地方关上手机，享受一个没有打扰、不用闹钟的周末。你不需要去赶时间上班，不用受到别人的挤兑，不用理会领导训斥，不用担心客户纠缠……不问世事，安心享受生活。

与其一天到晚忙忙碌碌，不如让我们慢慢享用晚餐。下班后，和家人一起去菜市场买菜，做饭，简单平凡又不失美好。

我们可以每天抽出少许时间，去细细去品尝一杯亲手泡的咖啡；找上三五好友，一个安静的地方，开始漫无目的闲聊；晚间走入书房，从书架上随意抽出一本书，泡上一杯清茶，无欲无求……

人生慢下来是一种能力，是生存的大智慧！在这个快节奏时代，只有适当放慢脚步，才能好好享受人生。只有看过了许多风景，吃过了许多美食，然后安静思考，下一段征程才能走得更远，更坚实。

聪明地工作，不是拼命地工作

职场中，有很多人经常会困惑：天天忙得忘了时间，忘了吃饭，为什么完不成工作任务？努力工作，付出了无数的努力和艰辛，为什么收益总不尽如人意？每天都出去跑客户，为什么业绩还是上不去？

这是因为我们用 80% 的精力，去做了只会取得 20% 成效的事。聪明人懂得如何搭配精力和任务，将效益最大化，用更少的时间获取更大的价值。

赵子玉对销售工作非常有激情，第一个月他全力投入其中，业绩平平，因此他很受打击。第二个月业绩仍然不佳，他有些气馁困惑，不知道哪里出了问题。第三个月的时候，他开始观察销售骨干们的工作行为，其中对他影响最深的就是：销售收入的 80% 是来自于 20% 的客户。这时，他才恍然大悟：之前对于所有客户花费一样的时间，没有抓住关键客户，所以业绩平平。

在后来的销售工作中，他把主要精力放在那些最有可能提升业绩的客户身上，很快便成为公司的销售模范。

职场中，很多人会陷入一个误区：付出越多，得到也就越多。事实上，只讲究付出是没有用的。工作要有针对性，聪明工作意味着动脑，用思考代替埋头苦干。惠普公司老总高建华曾公开表示："不提倡员工拼命加班，提倡聪明工作，提高工作效率，绩效考评跟工作时间没有关系，完成工作就可以下班。"

Tai Lopez 是一位成功创业者，但是曾经的他银行账户上只有 47 美元，没车、没工作、没未来。这种情况下，他拼命工作，但是每月除了一笔固定工资外，看不到任何成功迹象。

后来他改变了奋斗策略，采用聪明工作，一举创建了网站帝国，同时成为一名投资人兼多家公司的商业顾问。后来，Tai Lopez 总结了自己成功秘诀：在恰当时间，用恰当的方法，向目标投入恰当的工作量。

埋头苦干没有错，但取得大成就从来不是靠投入人力、物力和精力，还要主动抽出时间思考。很多时候，聪明的想法和行动会有所改变，更专注，更高效，给自己带来更多快乐和收益。

从前有个村庄，没有固定水源，只能靠天吃水。村长决定找人签订一份送水合同，让人每天将水送到村子里来，艾尔和德莱克两人接受了这份工作。

艾尔立刻行动，每天在湖泊和村庄之间数公里距离内奔波不停，用水桶从湖中打水运回村里。工作虽然十分艰苦，但是能挣到钱，他十分高兴。而德莱克签订合同之后就奇怪的消失了，艾尔见状更加高兴，没人可以跟他竞争了。

几个月后，德莱克回来了，消失的这段时间里，他做了一份详细的商业计划书，并且找到了几位投资者，一起开了一家公司。德莱克的公司在村庄和湖泊之间修建了输水管道，村民取水变得十分方便。后来，德莱克想到全国还有很多类似的村庄需要水，商业计划可以推向全国。现在，德莱克的输水公司开遍了全国，他不仅开发了流向村庄的输水管道，也开发出了使钱流向钱包的管道。

Facebook 曾经花费数十亿美元收购了只有 13 名员工的 Instagram；Snapchat 初创时只有 30 名员工，却拒绝了 Facebook 和谷歌的收购邀请。为什么他们能够获得大公司的青睐，就是因为他们都有着超高的工作效率。

努力和高效之间有着明显界限，提高工作效率的本质需要学会如何花费最少时间取得最大效果。懂得聪明工作，努力才会用在"最有意义、最有产值"的事情上，那么我们如何聪明工作呢？

减少重复：工作中，我们常常重复同样的准备，重复弥补同样的错误等，之所以遇见这样的问题是我们缺乏有效准备。说不定之前做过类似工作、遇到过类似问题，多从过去积累中寻找灵感。

减少步骤：每次拿到工作任务，我们都会尽可能细分工作，导致执行步骤仔细却繁杂。其实哪些步骤不必要，哪些步骤可以优化，可以找出更多快捷方式执行。

考核几乎都以成果为导向，人们从来不会看你加了多少班，更重要的是看你有多少产出。"没有功劳也有苦劳"是败者思维，既有效率又有成果才是我们应追求的。

磨刀不误砍柴工

我们都听过"磨刀不误砍柴工"的故事，如果不肯花时间把"刀"磨锋利，那就只能用一把钝斧头砍柴，效率可想而知。

有一个年轻人，每天很早便上山砍柴，他非常勤奋，没有一点儿休息时间。还有一个老人，每天很晚才来，在砍柴的过程中还时不时休息一会。等到天黑了，年轻人发现砍的柴没有老人多。年轻人实在想不通，只能更加努力，结果还是不如老者。

有一次，老者喊年轻人休息喝茶，年轻人推辞道："我这么卖力，收获依然不如你，怎么好意思休息！"

老者笑笑说："你再怎么努力也不能超越我，虽然我年龄比你大，精力不如你，但是我的刀比你的刀锋利，我每次休息时就磨磨刀。而你呢？一直在那里砍柴，刀都钝了，越砍越累，反而砍柴少。"

列宁说："任何计划都是尺度、准则、灯塔、路标。"一个好的计划，会让工作事半功倍，一个善于计划的人，心中都会有一杆秤，知道在特定时间做什么、怎么做、做到什么程度。但是，做出一份高质量计划，并不是简单的事。

　　美国的罗伯·舒乐博士想要在加州建筑一座水晶大教堂，整个教堂的建材全部使用玻璃。但是这个梦想并不是那么容易实现，著名的设计师菲利普·约翰逊估计教堂最终的预算为 700 万美元。

　　对舒乐博士来说，700 万美元就是一个天文数字，远远超过了他的能力范围。但是，罗伯·舒乐博士并不觉得这不可实现。在动工前，他为自己的目标列了一个详细计划。计划只有短短的 10 行字。

　　一、寻找 1 笔 700 万美元的捐款

　　二、寻找 7 笔 100 万美元的捐款

　　三、寻找 14 笔 50 万美元的捐款

　　四、寻找 28 笔 25 万美元的捐款

　　五、寻找 70 笔 10 万美元的捐款

　　六、寻找 100 笔 7 万美元的捐款

　　七、寻找 140 笔 5 万美元的捐款

　　八、寻找 280 笔 25000 美元的捐款

　　九、寻找 700 笔 1 万美元的捐款

　　十、卖掉 10000 扇窗，每扇 700 美元

　　计划定好后，罗伯特·舒乐博士开始了苦口婆心、坚持不懈的募捐旅程。60 天后，舒乐博士用水晶大教堂奇特而美妙的模型打动富商约翰·可林，他捐出了第一笔善款,100 万美元；第 65 天，一位农民夫妇听了舒乐博士的演讲，他们捐出了 1000 美元；第 90 天时，一位陌生人被舒乐的精神感动，他寄来

一张 100 万美元的银行支票；8 个月后，一名捐款者表示，如果舒乐博士能筹到 600 万美元，剩下的 100 万美元由他来支付。

第二年，舒乐博士以每扇 500 美元的价格，请人认购水晶大教堂的窗户，付款方式为每月 50 美元，分 10 个月付清，6 个月内，10000 多扇窗全部售出。1980 年 9 月，历时 12 年，可容纳 10000 多人的水晶大教堂竣工，成为世界建筑史上的奇迹与经典。

事前做一个详细可行的计划，是实现伟大梦想的最佳捷径。人都是感性动物，都有自己的好恶，因此做计划时，尽量将兴趣与计划靠拢，以求达到事半功倍的效果。事先充分做好准备，就不需要时刻分神注意可能出现的问题，使工作效率加快。

明确目标，清楚现阶段能力，实事求是做事。在做事情时，我们不妨将大目标分成一个个容易完成的小目标，然后根据目标制定计划，降低事情难度。就算难度降低，还是要扎实走好每一步，不要急功近利。

"磨刀不误砍柴工"并不是浪费时间，相反，只有先做出正确而合理的计划，才能将事情做完美。

远离"快节奏综合症"

"7：00 起床，7：30 赶地铁，8：30 上班，上午开大会，中午策划，下午外出市场调研，天黑前赶回公司工作，9 点下班后回家休息。"刚开始觉得这样的生活很充实，时间一长，心理上就产生了紧张、沉重、不安和忧虑感。

生活节奏越来越快，人们走路步伐、工作效率、吃饭习惯等也跟着"快起来"。即使没有急事，走路也一路小跑；整日与繁忙打交道，一旦闲下来反而内心不安焦躁……人们的身心充斥着忙碌和焦虑，把兴趣爱好和休息时间放在次要位置。在身心使用过度的情况下，一旦他们遇到大问题，就可能全面崩溃。

许多欧美国家曾掀起了抵制做"时间奴隶"运动，号召人们让生活节奏慢下来，让生活更加人性化、合理化。在罗马，人们为了抗议在西班牙广场纪念碑的台阶旁建立快餐店，成立了一个名为"慢餐"的组织。这个组织提倡放慢节奏，用心享受生活，慢慢品味食物美味，城市有更多绿地供人们休闲娱乐……此外，他们认为汽车车速不得超过 20 公里每小时。

应运而生的还有"慢学校"，反对"填鸭式"教育，提倡无竞争教育，反对考试制度，要求每年为学生放假时间不少于五个月……

心理健康专家也适时地提出了"慢生活"理念，专家指出，"我们应该静下心来思考：为什么在物质方面丰富，而生活质量却下降，影响到身心健康。"慢生活是对生活质量和生存状态的一种反思，也是健康、积极、自信的生活态度，从身边一点一滴做起，到慢步、慢运动等，没有固定模式，节奏慢下来，心态平下来，健康升上去。

歌手李健本身就是喜欢慢节奏的人，他的工作室微博曾经登出李健在乡村享受慢生活的照片，其中写道："慢生活才是最奢侈的，这种慢也是对生命的延续！"

在李健的乡村生活中，青山绿水和碧蓝天空都是那样真实，他时而在小洋楼上弹吉他，时而享受看书的悠闲，时而去踏青，领略美好的自然风光……网友们看到了这样的李健都很赞同他的生活方式，纷纷发表感言：我们先要追求快，追求卓越，然后再慢下来，静静思考！

仔细想想，你有多久没有停下来欣赏生活，哪怕是每天上下班路上，也没时间去看沿途。现在，不妨让自己的节奏慢下来，你也许就会发现路上花坛旁有一个个头不高的孩子在学习，清洁工坐在路边笑着擦拭汗……或许某一刻，你就可以意识到人生由自己决定才精彩。

陈姗是一个上班族，每天"家—地铁—公司"三点一线。有时候，工作忙起来直到晚上九点多才下班。

偶然一天，她定错了闹钟，早起了一个小时，这让她有足够的时间慢下脚步，享受走在路上安静时刻。在这个不慌张的早上，没有拥挤的人群和喧嚣的车鸣，空气变得那么清新，路边盛开着的花朵是那么美丽……

从那以后，陈姗每天早起晨跑，然后，在街角早餐店吃上一份满足早餐。

下班回家，喝上一杯温水，泡个热水脚，然后安静地抱着一本书看，直到沉沉睡去。她渐渐发现，路旁的花开得更加艳丽，路上咖啡店的橱窗也精致反光，路过的小孩在做鬼脸……出现了越来越多的美好事物。

当浮躁和焦虑成了生活常态，人们很容易忽略身边美好的事情，忙碌的生活只会让心灵盖上了一层看不见的灰尘。快节奏生活里，你不妨停下来好好思考方向和目标，慢慢前进。只有敢于按下生活的暂停键，才能走到更远的地方，发现生活中所忽略的美。

心理专家曾说："面对繁忙，我们要学会不慌不忙，找到平衡点。只有张弛有度、劳逸结合，才能提高生活质量。"所以，我们应该学会不为细碎琐事而耿耿于怀，不为一时紧张忙碌而心事重重，让心态慢下来，静静去感受如鱼得水的幸福感。

当然，追求慢生活不是提倡懒散，"慢"并非速度上慢。慢是一种自然、轻松和谐的意境，是放缓心态，放飞自我，体会人生百味的人生态度。你只有慢下来，才能去关注自身，让自己平和而不急躁。

不是每件事都值得去做

生活中，"忙"已经成为了人们生活的常态。从早上睁眼到晚上睡觉，人们总是喜欢废寝忘食忙工作，以至于心力交瘁。但是，无休止的忙碌让人们的心情越来越浮躁，脾气越来越坏。然而，有些事根本没必要去做。

班尼斯说："最聪明的人是那些对无足轻重的事情无动于衷的人。但他们对那些比较重要的事务却总是做不到无动于衷。那些太专注于小事的人通常会变得对大事无能。"聪明的人具备无视小事的能力，他们懂得事情的轻重缓急，在有限时间里，完成许多值得他去做的大事。一旦发现某件小事不值得浪费时间去做，立刻放弃。

美国伯利恒钢铁公司总裁查理斯·舒瓦普曾经向艾维·利请教，如何更好提升计划执行效率？艾维·利声称可以在 10 分钟内给舒瓦普一样东西，这东西能让他公司的业绩提高 50%。

他递给舒瓦普一张白纸，请舒瓦普在这张纸上写下明天要做的 6 件最重要的事，舒瓦普只用了 5 分钟写完。接着，艾维·利请他用数字标明每件事情的重要性次序，这一步骤又花了 5 分钟。

然后，艾维·利让他把这张纸放进口袋，明天早上第一件事是把纸条拿出来，做第一项最重要的事情。不用管其他的，只着手办第一件事，直至完成为止。然后用同样的方法对待第 2 项、第 3 项……直到下班，即使这一天只做完第一件事也不要紧。

艾维·利说："请叫公司的员工也这样干，过一段时间，你认为这张纸的效果值多少钱，就给我寄一张多少钱的支票。"一个月之后，舒瓦普给艾维·利寄去一张价值 25 万美元的支票，5 年之后，这个小钢铁厂成为世界上最大的独立钢铁厂。

人们常常将"三更灯火五更鸡"作为孜孜不倦的勤奋标准，但在高效率信息时代，勤奋需要重新定义。曾经，日本大多数企业家会把下班后加班加点的人视为最勤奋的员工，如今却认为一个员工靠加班加点来完成工作，说明他工作效率低下，不具备在规定时间内完成任务的能力。

莎士比亚说："倘若没有理智，感情就会把我们弄得精疲力竭，为了制止感情的荒唐，所以才有智慧。"每件事情都有可行度，学会放弃不是不求进取，知难而退也不是圆滑处世。一味追求无法完成的事情，只会给自己带来压力、痛苦和焦虑。因此，你必须记住，世事纷繁且人生短促，舍弃不必要的事物给自己解脱，一生会少走很多弯路。

国王年过半百才得到一位漂亮公主，因此视其为掌上明珠，只要公主想要的东西，国王总会想尽办法满足她。一天雨后，公主看见荷花池中冒出一颗颗状如琉璃珍珠的水泡，于是她想："如果把这些水珠串在一起，戴在脖子上一定美丽极了！"

国王听了公主要求，让大臣们想办法将池中的水泡编成美丽的花环，一个老臣说："我有办法，只是我老眼昏花，看不清哪个水泡最漂亮，请公主亲自挑选，捞上来以后，我来编花环。"

公主拿起水瓢轻轻一碰，水泡迅速破灭。大臣对一脸沮丧的公主说："水泡本就生灭无常，不能常驻久留，如果寄希望于虚假不实、瞬间即逝的事物，到头来必然空无所得。"公主点点头，也就不再坚持。

有一些人的性格非常执拗，远不及故事中的公主，迟迟不醒悟。一旦认定了某件事情，就非做不可，直到财力、精力耗尽。有的人操劳忙碌一辈子，面临诸多选择，选错目标，白白失去成大事的时机，结果一生平庸。有人说："以一生的精力去做一件事，十年，二十年……会成为某一方面的专家。"如果这条路不适合你，继续执着只会白费心血，竹篮打水一场空。

我们常说，生活之中无小事，任何一件事情都需要投入精力，因此精力放在哪件事情显得至关重要。我们无法参与所有大事，用有限的时间做一件或几件重要大事足矣，有些事情一开始就应该放弃，不让自己纠缠于繁杂、不值得做的事情，以免身体和心灵变得疲惫不堪。

忙忙忙的结果就是盲盲盲

有一则寓言：窗台上养了一只松鼠，它一直在车轮上跑来跑去。窗外一只小鸟它忍不住问："朋友，你在忙什么呀。"松鼠气喘吁吁道："我正给主人送信，从早忙到晚，喝水的时间都没有，快喘不过气了。"说完又使劲蹬轮子飞跑。小鸟留下一句话："你确实跑个不停，却又始终没有离开车轮呀。"

不久前，网络上引发了关于"996"工作模式的争论，"996"确实很忙，从早到晚，占用了大量生活时间。其实"996"不是过错，问题是有的人不知道自己忙了什么，仿佛那只瞎忙的松鼠，很忙却很盲。

《我，到点下班》中，六点下班的钟声敲响，女主必定准时打卡下班。她好像很闲，与身边天天加班的同事相比，从来不用加班。同事纷纷不解，甚至劝她再努力一点，毕竟别的同事还在工作。她去餐馆吃饭的时候，还会被调侃："准时下班来这里吃饭，肯定不能出人头地吧。"

不管别人怎么说怎么劝，在女主心里，"准时下班去喝限时半价的啤酒，吃香喷喷的小笼包，和喜欢的人一边吃饭一边聊天"最重要。她很清楚自己不是忙着工作，而是忙着生活。因此，每天一进办公室，就把当天工作安排妥当，一一写在纸条上，做完一件撕一张，很忙却很有效率，准时完成工作，准点下班。

《肖申克的救赎》里有句话："人，要么忙着活，要么忙着死。"努力工作的年纪，忙是必要的，有人为了理想而忙，有人为了生活而忙……因为一切都被赋予了深沉的意义，所以大家都陶醉在忙碌中。但是，糟糕的是，有些人除了忙之外，还有盲，不知道自己为什么而忙。

1952 年 7 月 4 日清晨，美国加利福尼亚海岸笼罩在浓雾中，34 岁的费罗伦丝·柯德威克在距离海岸 21 英里的卡塔林纳岛上，涉水进入太平洋，开始向加州海岸游去。如果成功，她就是第一个游过这个海峡的女性。在这之前，她是第一个横穿英吉利海峡的女性。

雾很大，能见度不足十米，甚至连护送她的船都看不到。15 个小时过去了，她被冰冷的海水冻得快要失去知觉了，她觉得自己不能再游了，准备上船。这时，她的母亲和教练告诉她不要放弃，海岸已经很近了。

但她除了浓雾什么也看不到，坚持了几十分钟之后，在哀求下，人们把她拉上了船。浓雾散去，她抱头痛哭起来，因为海岸就在眼前，不足半英里。事后她告诉记者，真正令她放弃原因除了浓雾遮住了她的眼睛，还有就是"根本就看不到目标"。

生活中同样如此，清晰的目标为我们解决了"忙忙碌碌是为了什么？"的问题。如果目标缺失，心就盲了，没有前进的动力，就会变成为了忙而忙。

忙到身不由己的时候，"忙病"就变得难以根治：没有时间欣赏这个世界，没有机会品尝美食，日复一日单调重复着工作。会不会害怕某天醒来，眼睛已被自己忙得盲了，再看不到多彩鲜活的世界。"忙"本身的行为并不可怕，它能让学业、工作得到升华，可怕的是在忙的同时，弄丢了初心。

哈佛大学曾做过一项非常著名的关于目标对人生影响的跟踪调查，对象是一群智力、学历、环境等条件都差不多的大学毕业生。其中 27% 的人没有目标；60% 的人目标模糊；10% 的人有清晰，但比较短期的目标；3% 的人有清晰而长远的目标。

25 年后，跟踪调查结果显示：3% 有长远而明确目标的人，在 25 年间向着目标一步步迈进，几乎都成为成功人士；10% 有短期目标的人，他们不断实现目标，成为各领域中的专业人士，处在社会中上层；60% 的人，生活安稳，没有什么特别成绩，几乎都生活在社会中下层；剩下 27% 没有目标的人，大多住到了贫民窟。

现在我们不妨停下手中的工作，思考一下自己有没有目标？在忙些什么？是为了目标而忙吗？还是忙得来不及思考目标？

我们的生活往往不是因为忙而一塌糊涂，而是先一塌糊涂了，才越来越忙。忙起来没有头绪，没有方向，常常是忙中出乱，忙中出错，忙而无果。忙着，盲着，茫着，最终失去了方向。

可以忙，但绝不能"盲"，忙之前给自己一个明确的目标，知道忙什么、为什么而忙。时不时抽出时间反问自己："我为了什么而忙？""我的目标在哪里？"唯有这样，才能做到忙而不盲。

生活就是去解决一个个难题

生活中，我们经常会被一些难题困扰，甚至会被其吓倒，产生自暴自弃的念头。其实，生活就是不断面对问题解决问题的过程！

小王最近非常郁闷，各种各样的问题接踵而至，工作不顺心，房贷的压力越来越重，孩子学习成绩直线下降，母亲病倒了……这些问题把他弄得焦头烂额，他为此牢骚满腹，情绪也越来越烦躁不安，最后不得不去找心理咨询师求助。

了解了他的情况后，心理咨询师说："我带你去一个地方吧。"然后，心理咨询师开车把他带到了郊外，小王下车一看，诧异不已，原来是一处墓地。

心理咨询师指着前面的坟墓对他说："你看看吧，只有这里才没有问题，也只有这里的人才不会被问题困扰。"小王恍然大悟。

是的，只要我们生活在这个世界上，我们就会遇到各种各样的问题，小的时候要解决说话、走路、穿衣的问题；上学的时候，要解决读书、写作业的问题；参加了工作，也是为了解决问题而来。此外，还有结婚的问题，生孩子的问题，买房子的问题，购汽车的问题，生病的问题，失业的问题等等。有问题是很正常的事，没有问题才是不正常的。

生活中有问题并不是关键，关键在于我们对待问题的态度。当问题出现的时候，我们要做的不是抱怨，不是逃避，而应该去积极地面对，找到解决问题的方法，使问题迎刃而解。但是，生活中很多人面对问题，不是习惯找方法解决，而是习惯了找借口逃避。

林小姐毕业于名牌大学，再加上形象气质很好，很快就找到一份不错的工作，可是没过试用期，她就被老板辞退了。原因就是她总是找借口回避问题，而从不想办法解决问题。

一天，老板派她到清华大学去送材料，要分别送到 3 个地方，结果她只去了一个地方就回来了。老板问她为什么不能完成任务，她说："清华太大了，我都问了好几次门卫，才找到一个地方。"

老板一听生气了，"这 3 个地方都在清华里面，你找了一个下午怎么只找到一个单位？"

"我真的去了，不信您去问门卫。我对那里不熟悉，要不您派个熟悉地形的人去吧。"她辩解说。

老板更加生气了："你做一件工作，难道都要我在后面去核实？你不熟悉地形，别人就熟悉？遇到问题不想办法解决，理由倒不少！"

其他同事就好心地帮她出主意：你可以进去多问问老师和同学；你可以咨询一下你找到的那个地方的工作人员，兴许他们知道其他两个地方；你可以打电话咨询清华的总机，找到那两个单位的电话……

谁知，这位林小姐，嘴角一撇，根本不理会同事的好心，反而气鼓鼓地说："反正我已经尽力了……"

躺在那里寻找借口永远是最容易的事，但是无论到了什么时候都不会有任何收获。美国励志成功大师拿破仑·希尔在他的《思考致富》里将一位个性分析专家编的借口表列出来，居然有 50 多个。拿破仑·希尔说："找借口解释失败是人类的习惯。这个习惯同人类历史一样源远流长，但对成功却是致命的破坏。"

遇到难题的时候，消极的人会说："这是不可能的。""那是没有办法的事情。""这次我死定了。"其实未必，只要有问题，就会有解决的方法，而且方法一定比问题多。即便是看起来根本不能解决的问题，如果积极思考，也能寻找到妥善解决的方法。

寻找解决难题的方法虽然不容易，但要相信世界上没有解决不了的问题，方法永远要比问题多得多，只要我们用心去思考。有了难题，怨天尤人，自怨自艾，而不去行动，这是弱者的行为。强者的做法是，以积极的态度寻求解决问题的办法，直到成功为止。

另外，遇到问题的时候，不要拖延。若是拖延，就会把原本容易解决的小问题变成难以解决的大问题，越难解决越是懒得解决。这样，你就容易被问题拖着，生活就会变得愈加不快乐。所以，当问题来了的时候，一定要在第一时间将其解决掉。这样你就像一部汽车，不管快慢，都是向前行进的。若是拖延问题不去解决，那就只能陷在坑里忍受风吹日晒。

第 六 章

平和
心态

别看什么都不顺眼

PEACEFUL MIND

生气不如争气

俗话说："不争馒头，争口气"，可大多数人并不是在争气，而是"负气"。有时候，毫无意义的生气只是无能的表现。只会让自己恼怒，伤害身体，丧失仪态，对解决问题毫无帮助。

哲学家康德说："生气，是拿别人的错误惩罚自己。"不轻易动怒是一种修养，更是一种自我强大的智慧。不轻易生气的人，阳光大度，从容豁达，奋斗的道路会越走越顺畅。

一位乘客乘坐了一辆非常有特色的出租车，司机穿着整洁，车里也很干净。他刚坐稳，司机就递给他一张精美卡片，上面写着："在友好氛围中，以最快捷、最安全、最省钱为原则，将客人送到目的地。"

乘客觉得司机与众不同，正想说些什么，这时司机开口了："请问，你要喝点什么吗？"乘客诧异问："难道你的车上还能提供饮料吗？"司机微笑着说："我可以提供咖啡和各种饮料，还有不同的报纸。"

乘客十分好奇，问道："你的车费和其他人都一样，可是我坐别的出租车，司机都在为堵车、为收入低而生气抱怨，你为何这么喜悦，还提供这么周全的服务呢？"

司机回答："刚开始，面对糟糕的天气、微薄的收入、堵车严重的路况，我也像其他人一样生气抱怨，每天都很糟糕。后来我明白了，所有糟糕情况其实都是自己造成的。所以，我决定停止抱怨，开始改变。我微笑对待所有乘客，收入翻了一倍；第二年，我发自内心去关心所有乘客，了解他们的喜怒哀乐，并进行安慰，收入又翻了一倍；第三年，也就是今年，我的出租车成了全美国少有的五星级出租车，现在要坐我的车需要提前打电话预约。而您，是我顺路搭载的一个乘客。"

谁的生活都会遇到低谷，只有好心态，才可能有好状态，然后才有能力摆脱泥沼。生活就像一面镜子，你给它拿出什么，就会对应得到什么。那些在生活中优雅的人，不过是深深懂得：以好的心态来面对生活中的难处，帮助自己快速走出低谷。

当你为自己的无能而生气时，应该试着学习接纳自己；当你抱怨他人时，试着把抱怨转成请求；当你抱怨老天时，试着用祈祷来诉求愿望……这样的生活会有想象不到的大转变，人生也会更加美好圆满。

卡耐基说过一句话："不能生气的人是傻瓜，而不去生气的人才是智者。"生气除了让人心变得丑陋、暴躁、消沉，一无是处，倒不如努力让自己强大起来，摆脱困境，实现逆袭，学会做一个智者：不生气，要争气。

有一个中年人一直因为得不到领导赏识而生气抱怨，无奈之下去拜访恩师，向其道出烦恼，以求恩师指点。恩师听后，领着中年人来到了河边，只见他弯腰捡起一块石子，往石堆里一丢，问中年人："你能把我刚才扔出去的石子捡回来吗？"

中年人回答："我不能。"

恩师再问："那如果我扔出去的是一颗钻石呢？"说完便望着中年人，话语中别有深意。中年人恍然大悟，道谢离开。

如果你只是一颗石子，并不会有人对你刮目相看；可倘若你是钻石，谁都不会忽视你的存在。如果因为他人看不起而抱怨，解决不了任何问题，觉得自己不被赏识，那只能说明还不够出众。

生气是无能的表现，不仅伤害你身体，还会让思绪变得凌乱。所以，积极的生活态度很重要。要学会坦然面对不如意，相信自己能战胜它。杨受成先生曾经说过这样一段话："我平生做人哲学，千头万绪，可提炼为两字，争气。面对四周的奚落嘲辱，我必固守信仰；面临命运挫折的压力，我必冷静应对。"

所谓争气不生气，一定要试着建立强者思维，当现实和预期不同时，先别急着抱怨，而是问为什么？然后再去改变可以改变的，接受不能改变的。如此，就不会跟自己和别人过不去。

《开心谣》里曾这样说过："日出东海落西山，愁也一天，喜也一天。遇事不钻牛角尖，人也舒坦，心也舒坦。全家老少互慰勉，贫也相安，富也相安。"优秀的人从来不会盲目抱怨，他们心态好，不会轻易生气。

生气的原因多半是短期之内无法改变状况，但人生就是这样，想要收获，就得先努力。与其生气伤身，不如想开，用好的心态让自己变得更优秀，让生活更丰盈。一个人让自己变得更强大了，伤害你的人才会越来越少，许多问题也就能迎刃而解。

敏感的心只会让自己受伤

弥尔顿在《失乐园》中说过："意识本身可以把地狱造就成天堂，也能把天堂折腾成地狱。"快乐不在于获得了多少，而在于能否卸下防御和心底的自卑。

有的人经常会因为别人的一个眼神而耿耿于怀，会因为别人一句话而羞愧难当，万事首先考虑别人的感受，害怕引起别人不满。事实上，他们的朋友并没有别的意思。这种人就是心态过于敏感，容易让自己不开心。

姚明很懂得宽容他人，作为亚洲最伟大的篮球运动员，他深知要时刻面对外界的闲言碎语，只有内心少去计较，才能在球场集中注意力，获得更多人的肯定和支持。

有一次，ABC 电视网解说员斯蒂夫·科尔在解说火箭队与灰熊队的比赛时，对姚明使用了"支那人"一词。而"支那人"是一个侮辱性的词语，当时，科尔好像不太清楚这一点，但当他知道自己词语使用不当后，专程给姚明打电话表示歉意。

事后有记者问起这件事，姚明则笑着说："科尔专门打电话给我，显然意识到自己犯错了，他的态度说明并不是故意为之。既然事情已经过去了，我应该表现出自己的风度。"

在一次火箭队与黄蜂队的比赛中，黄蜂队员梅森猛推姚明，姚明并没有对此表示反击，在后来的跳球中，反而友好拍了拍"敌人"的肩膀。事后"姚蜜"们对此极为不满，认为姚明应该以牙还牙，而姚明十分清楚，过多计较只会影响到球场发挥。

我们常挂在嘴上说的一句话："认真，你就输了。"所以，你的内心千万不要因太敏感而斤斤计较，否则于人于己都是一场灾难。

敏感的人更容易捕捉到细节，这些细节会被大多数人忽略，但敏感的人却能感知并记忆下来。比如，乔布斯曾经花费一个多月时间，在上千种黄色里挑选一个最满意的颜色，尽管这些颜色在很多人眼里毫无差别。

内心敏感者能察觉到别人没有察觉的事物，这种丰富感知背后往往意味着，别人无法与你共感。敏感的人不单单对事物有很强的觉察力，他们也擅长体察情绪状态，能从别人的一个微笑中洞悉心情。这种洞悉情绪的本领可以对自身产生强烈刺激，因为敏感的人要比一般人处理加工更多情感信息。

在人际交往中，敏感者可以更加全面去考虑事情和人物关系，反复思量，小心谨慎。考虑越多，越想把每一个细节都做到位。因此，在追求完美的过程中容易阻滞自身行动。

心理学家指明，抑郁症的人较常人更为敏感，观察更为细致；还有一部分人内心敏感源于幼年成长经历，可能他们从小生活在缺乏温暖，甚至是情感冷漠的家庭中，于是早早便学会察言观色，不去激怒父母，用敏感来保护自己。

还有一种可能的原因是缺乏自信，自卑的人往往会更留心去观察他人，避免自己出错或引起别人不满。德国哲学家叔本华说过："人性一个最特别的弱点就是：在意别人如何看待自己。"很多人在敏感无助时，会通过委屈求全的方式来获取他人好感。但是，这样做只能被别人看低。

沈从文在《边城》写道："一个人记得事情太多真不幸，知道事情太多也不幸，体会到太多事情也不幸。"在生活中，如果我们能够学得"佛系"一点，能免去不少烦恼，因此不要把太多的想法揉进情绪里。

怎么做才能不这么敏感呢？学会豁达一些，想太多伤的是自己。说者无心听者有意，别人随随便便一句话，我们都要想东想西，太累了。做人不要太自作多情，把一切都和"我"联系在一起。

努力让自己更强大一些，一般那些敏感、脆弱和抑郁的人都是弱者。只有弱者，才会在面对同样的挫折时，总会产生比别人更多的负面情绪，这一切根源就是自己不够强大。只有真正的强大才会触及内心，泯灭自卑，人自然变得不那么敏感。

其实敏感更像是一种礼物，让我们脱离了生活惯性，体察到生活中的新鲜感，让我们在有限的时间内看到更多细节。

所以，更高明的办法不是彻底摆脱敏感，而是保留敏感属性，不要刻意去纠正性格因素，而要放大优势，减少隐患，在不扼杀本性的前提下，将"敏感"运用成"敏锐"。从此，少一分敏感多疑，多一分敏锐坚定，我们才会享受到更多生活乐趣。

被狗咬了，终归不能咬回去

年轻人向大师请教："快乐的秘诀是什么？"

大师回答："不要和愚者争论。"

年轻人说："我不同意这就是秘诀。"

大师淡淡道："是的，你说得很对。"然后，闭眼不再理会年轻人。

我们难免遇到过这样的人：他们胡闹撒泼不讲理，不把你气到暴跳如雷誓不罢休。如果我们选择"不让半步"，那就陷入麻烦之中，想据理力争，发现对方根本就没打算讲理；想破口大骂，对方什么难听话都骂得出来，又白白给自己添堵。

知乎上曾有这样一个提问："碰到烂人、烂事该怎么处理？"其中有一个回答受到很多人点赞："不纠缠，是最好的解决办法。"道理讲得非常清楚，面对文化素养不高的人，应该选择更加理性的方式来解决问题，而不是纠缠不清。

陈晓开车到停车场出口处时，一个老人过来收停车费，明明停了半小时不到，老人却要收五十块钱。

陈晓觉得实在是坑人，不由嘟囔了一句："收费也实在太不合理了吧。"

不料，这话被老人听到，对方斜了陈晓一眼，二话不说就把停车场的栏杆关上了，然后转身走进传达室坐着，把陈晓晾在一边。

陈晓本想下车理论，但是看着人家一副"今天不把钱交了，就休想离开"的样子，又想了想自己还要赶着开会，为了这点钱而浪费时间，实在不划算。陈晓只好下车给老人递烟，然后客客气气的交钱离去。

"夏虫不可语于冰，井蛙不可语于海"，和不同层次的人争论，是一件毫无意义的事情，你争不过他们的强盗逻辑，斗不过他们的流氓行径，纠缠不休只是浪费时间和生命。对你而言，现在最有效的自保办法就是"惹不起，躲得起。"

人的素质有三六九等之分，无法改变别人，但有选择远离、不与他们作过多无谓争辩和纠缠的权利。这并不意味着软弱或退让，而是明白耗尽精力，也难以消除人与人之间的认知差距，如此心累，不如少说话，做好自己。

2019 年 4 月 15 日晚，拥有 800 多年历史的法国巴黎圣母院被烧，整座建筑物严重受损，瞬间引爆各大社交媒体。在一片悲伤声中出现了极不和谐的言论，有网友人留言："风水轮流转，让你烧了我们圆明园，今天巴黎圣母院被烧，罪有应得。"很多网友纷纷跟风。

放火烧圆明园的法国强盗和今天的法国人处于两个时代，而巴黎圣母院则是全人类的文化遗产，它与圆明园并没有对等的报应关系。那些人肆意发泄情绪，煽动仇恨火焰，暴露了自己狭隘和无知，这种行为可耻至极。

无论现实中还是互联网上，总有少数人认为自己掌握了真理，习惯于向某些事发动攻击，这类人充满怨言和负能量，和他们争论只是浪费口舌。

大卫·波莱写过一本书叫《垃圾车法则》，他的观点是："许多人就像垃圾车，他们装满了垃圾四处奔走，充满懊恼、愤怒、失望的情绪，随着垃圾越堆越高，他们就需要找地儿倾倒，如果你给他们机会，他们就会把垃圾一股脑儿倾倒在你身上。所以，有人想要这么做的时候，千万不要收下。只要微笑，挥挥手，祝他们好，然后继续走你的路"。诚如小老虎问大老虎："爸爸，你连狮子都不怕，为什么要躲开一条疯狗呢？"大老虎回答："让疯狗咬一口太倒霉了，咱们还是远离他比较好。"

综艺节目《奇葩说》中有过这么一段，辩论家陈铭曾经在微博上发了一张他和大女儿的照片，并祝女儿节日快乐，有人在微博下留言："你女儿实在太丑了，简直就是个村姑。"

看到留言，陈铭非常愤怒，他的老婆看到之后说："不要去骂他们，不然你和他们有什么区别？"

鬼脚七说过一句更经典的话："永远不要和傻子争论，因为他会把你的智商拉到和他一个档次上，然后用丰富的经验战胜你。"有些人常把自己说成是"耿直"，其实就是没素养，正常人很难用好坏去区分，更无法说服他们变成君子。

越是自身修养不高的人，越爱发脾气，杜月笙说过："末等人，没本事，大脾气。"而富有涵养的人并不是没有情绪，他们只是不被情绪所左右，喜怒不形于色。他们懂得控制情绪，为自己的情绪负责。

有一句话说："秀才遇到兵，有理都说不清！"还有一句话："最高的鄙视就是不理不睬！"做善于控制情绪有修养的人，不要把有限的人生浪费在和自己不是一个圈子的人纠缠和计较之上，用"疏远"好好保全自己才是真正的大智慧。

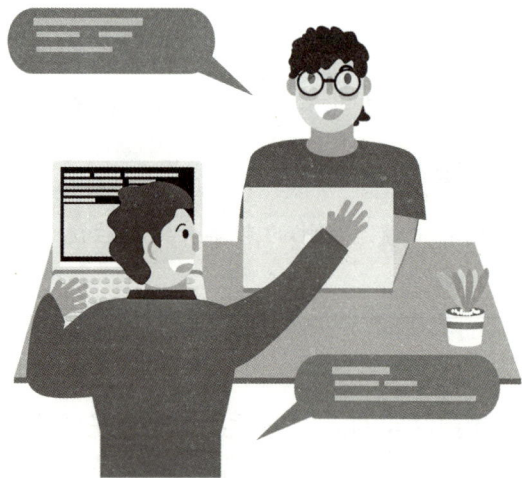

生气是拿别人的错误惩罚自己

很多人都有如此体会：生气的时候，脑子里一片空白，憋一肚子闷气，事后突然觉得完全没必要这么生气。对于不影响大局的事，完全不该动"真气"，尤其是别人犯下的错误，我们更应该理性对待，否则只能气到自己。

台湾作家李敖，曾经讲了他的老师殷海光的一个故事。

有一次，殷海光正在吃饭，忽然想到某个政敌的行为，不由怒火万丈，气得饭都吃不下。殷海光最终只活到 49 岁，而让他天天生气的政敌，却活到了 89 岁。李敖从中得到教训："无论在生活中遇到任何事情，我都不生气，我跟你逗着玩，我赢你，活过你。现在我成功了，我赢了！"

不过，李敖"不生气"的境界比起他的宿敌余光中还差很多，自称从不生气的他，常常在各种场合痛骂余光中。有人问余光中："李敖天天找你茬，辱骂你，你从不回应，这是为什么呢？"余光中沉吟片刻回答道："他天天骂我，说明不能没有我，而我不搭理他，证明我的生活可以没有他。"

面对别人犯下的错误不轻易动怒，这既是一种修养，也是高明的处世智慧。康德说过:"生气是拿别人的错误惩罚自己。"越是生气,对方越不把我们的情绪放在心上,回过头来,情绪健康受损的是我们自己。

与其拿别人的错误来惩罚自己,不如把生气的力气,拿来看剧听音乐,享受美食,买喜欢的衣服……生命剩余的时间越活越贵,千万不要让有些人和事降低生活品质。

华为总裁任正非脾气暴躁,在工作上经常把下属骂得狗血淋头。有一次有干部准备了第二天的汇报提纲,任正非拿起几个副总裁的稿子,看了没两行,就骂了起来:"你们都写的什么玩意儿!""啪"的一声就把稿子扔到地上,在办公室边走边骂,足足骂了半个小时。

任正非接受采访时曾说,自己骂人时心率很平稳。看似在发火,其实并没有生气,他深知生气伤身。要真有忍不下去的事情,可以发火,只是不要动气,避免拿别人的错误惩罚自己,正所谓"别人上吊,你难道要陪着自杀吗?"

我们要学着在发火批评别人错误的时候,告诉自己:"我在发火,不是在生气。为了工作中的事,不值得生气伤身。所以,发发火吓唬一下就好了,多大点事儿。"

学会控制情绪不生气,那么你就在无意中学会了一招必杀技:默不作声,面带微笑。少生气是放过自己,给自己"谋出路"。

古时候,有一个叫爱地巴的人,他常常跟人辩驳到生气,一生气就跑回家去,绕房子和土地跑三圈。后来,房子越来越大,土地越来越多,每当生气时，他仍要绕着房子和土地跑三圈，哪怕累得气喘吁吁，汗流浃背。

有人问他："你生气时绕着房子和土地跑，这里面有什么秘密吗？"

爱地巴对回答说："和人吵架生气的时候，我就会绕着房子和土地跑三圈，边跑边想房子这么小，土地这么少，哪有时间和精力去跟别人生气呢？然后气就消了，就有更多时间和精力继续为生活奋斗。后来，房子和土地已经足够大了，我成了富人，还是要跑下去，边跑边想房子这么大，土地这么多，又何必和人生气计较呢？一想到这里，气也就消了。"

生气作为情绪宣泄，于人于己一点好处都没有，生气所带来的不良后果，最后都会回到自己身上。

一个人生气，大都因为别人责骂，误解，冷落，某些言语或举动让我们不爽，才导致了生气结果。假如我们对某些言论不在意，对那些人的所作所为一点不在乎，还会生气吗？

反过来说，别人对我们生气的态度认知才是最为关键的一点，能体察我们内心生气而产生愧疚感的人，会认错并安慰你。如果遇到一个根本不在乎你的人，你越生气，他反而觉得越开心。有时候生气会显得自己很傻，伤害你的人，多半不在乎你的死活，为他们生气，受伤的是自己。

遇到不开心的事，人人有生气的权利，但要思考这到底值不值得。有些事不会因为你生气而改变什么，试想那些被别人气死的人，有多么不值得。

和敌人生气，敌人会更得意；和同事、朋友生气，对方会离去……只有学会不生气，才能减少烦恼和忧虑。学会不生气，你就赢了。

懂得换位思考，一切都会释然

一头猪、一只绵羊和一头奶牛，被关在同一个畜栏里。有一天，猪被捉了出去，只听它大声号叫，强烈反抗。绵羊和奶牛听了它的号叫抱怨道："我们也经常被捉去，都没像你这样大呼小叫。"猪听了回应道："捉你们和捉我完全是两回事，捉你们是要你们的毛和乳汁，捉我，却是要我的命啊！"

人也一样，各有各的苦难，所处立场、环境不同，很难做到感同身受。一个过于自我的人，和他人相处时说："依我看""我觉得"……他们习惯性站在自己角度看问题。殊不知，人际关系的大敌之一就是以自我为中心，它就像一堵高墙，阻隔了双方之间的交流。

电影《了不起的盖茨比》里有一句话："在你想要评判别人之前，要知道很多人的处境并不如你。"因此，对于他人的处事态度、处事方式、失意、挫折等，要将心比心，以一颗宽容的心去了解，才是最适当的办法。

一个瞎子和朋友相聚到深夜，瞎子准备离开的时候，朋友就给他点了一个灯笼，让他拿着照路。瞎子很生气反驳道："我本来就看不见，你还给我一个灯笼，这不是嘲笑我眼瞎吗？"

朋友解释说："你想错了，因为我在乎你，才会给你点个灯笼。没错，你是看不见别人，但是拿着灯笼，别人能看得见你，这样走在黑夜里就不怕被人撞到了。"瞎子恍然大悟，心中一阵感动。

有时你必须学会理解别人的想法，从不同的角度去看一件事，就会有不同见解，所得出的感悟结果自然也会不一样。把视野放宽一些，理解别人的无奈，感恩自己的幸运，烦心事就会被抛得更远一些。

奔驰公司总裁赫尔密特·沃纳说："学会了解别人，知道别人的所需，永远是制造商的任务。"人和人之间最大的误会就是用自己的视角去看待别人，当我们习惯于自己的价值取向和思维方式时，这些个性反而成为偏见的来源。

换位思考能帮助我们解决很多问题，不容易生气，让他人感到被尊重，缩短心灵距离，增进彼此信任。人人都希望被理解，而倾听常常被疏忽。如能做到换位思考，多站在别人的角度着想，就能赢得别人敬佩与尊重，在工作和生活中真正做到游刃有余。

励志成功大师拿破仑·希尔需要聘请一位秘书，他在几家报刊上都刊登了招聘广告。不久之后，应聘的信件如雪片般飞来，高达上千封。

这些信件的内容大多如出一辙，第一句话几乎都喜欢以这样的方式开头："我看到您在报纸上的招聘秘书……"

这些形式化的信件让拿破仑·希尔感到失望，就在他正琢磨着是否放弃这次招聘计划时，有一封信件给他带来希望，从而认定秘书人选非此信主人莫属。

这封信中写道："敬启者：您的招聘广告一定会引来成百上千封求职信，

而您的工作一定特别繁忙，根本没有时间认真阅读。您只需轻轻拨一下这个电话，我很乐意过来帮助您整理信件，以节省您宝贵的时间。另外，您丝毫不必怀疑我的工作能力，因为我已经有十五年的秘书工作经验。"这位女士成功获得了秘书岗位。

后来，拿破仑·希尔说："懂得换位思考，能真正站在他人的立场上看待问题，考虑问题，并能切实帮助他人解决问题，这个世界就是你的。"

做每件事情之前，我们都应该学会换位思考，学会站在别人的角度衡量，这样做是否恰当。只有随时站在对方角度看待问题，才能让别人感受到真诚。

世界上有这么多人，每一个人所处位置不一样，换位思考就是要把无数不同换掉。学会换位思考，不带有一点私心，理解体谅别人的难处，感同身受别人的苦楚，懂得珍惜别人的付出。体谅了别人，别人也会体谅我们，自然能收获真情、感动和人心。

不和自己较劲，就没有人和你过不去

《新唐书·陆象先传》中有一句话："天下本无事，庸人扰之而烦耳。"

周国平曾说："人生许多痛苦的原因在于盲目较劲。"的确，人的很多烦恼都是自己和自己打架、呕气、斗狠，自己折磨自己。

"勉强"自己就等于给自己找难过，只要不主动给自己找难过，就不会有人主动跟你过不去。否则，心将变得盲目，走进钻牛角尖、认死理的死胡同中，把全世界都会变成假想敌，那么难过就接踵而来。

有没有这样的经验：其实也没干什么，经常觉得累，压力大，不知道自己想要什么。这实际上是因为自我较劲引起精力内耗，人的精力有限，当内耗过多时，外在能投入的精力自然就少了。

很多人内心都很要强，想要变得优秀，总是对自己不满意，希望做更好，有更多成绩，有好的长相、知识……追求更优秀没有问题，但是一定要追求，就有问题了，毕竟总会有求而不得，不要在较劲中把美好念想变成非此不可的执念。

公司年度总评，赵蕾觉得自己一定能评上年度最优秀员工，但最后是另一位进步最快的同事获选。那段时间里，赵蕾的情绪很低落。

朋友们纷纷劝解说："今年没评上，也不至于这样折磨自己，不如收拾心情，接受现实，明年继续努力。"由此，她才放下心中执念。

"凡事别跟自己较劲"是一条不破的真理，比如：刚入社会想有一份好工作，谈恋爱想能有一个好伴侣……当这一切都不如愿的时候，你就觉得命苦，不管内心是否服输，都要暗自与之较劲。很多事情难以预料，如果稍有不顺心，就把突破自己当做任务，处处与自己过不去，处处跟自己较劲，只能把心情搞坏，令自己疲惫不堪。

杨绛先生说："一个人经过不同程度的锻炼，就获得不同程度的修养，不同程度的收益。好比香料，捣得越碎，磨得越细，香得愈浓烈。"时光没有如果，我们要适时放过自己，别和自己较劲，学会与自己和解。

比如犯错之后，大家都宽容了你，可是你自己却仍若有其事，苦苦反思。人非圣贤，孰能无错，只要正视错误，保证今后不再犯，就是很好的改观，跟自己较劲，一辈子背着一大堆罪恶感生活，那生命注定很不幸。

别跟自己较劲并不是不思进取，而是警醒我们有一个好的状态，去发掘人生目标。生活需要睿智，应率性而为、率真而活，淡定面对每一件遗憾之事，心真实、自无愧。

对于所有的过不去，说到底都是自己跟自己较劲儿。要相信一切都是最好的安排，曾经耿耿于怀的事情，有些我们要拼尽全力，有些我们要接受自己的无能为力。只有放下"放不下的东西"，才能轻松过好自己，更好去补强自己。

愤怒只会让事情更加糟糕

2018 年 11 月 16 日，西安中院开庭审理了一起过失杀人案：儿子玩游戏到深夜，父亲几次提醒不听，愤怒之下用擀面杖打死儿子。庭审中，这位父亲几次落泪，说自己特别后悔，希望判自己死刑，这样对儿子就公平了。

哲学家塞内卡形容愤怒是"所有情绪中最令人憎恶的、最狂暴的"。情绪失控时，人往往会做出连自己都想不到的事情，造成的伤害、后果会成为生命中不能承受的痛。

心理学家研究发现："人在愤怒的时候，智商会急剧降低，需要半个小时或者更长时间才能慢慢回升到正常水平。"强烈的情绪波动致使记忆力下降、思维迟缓，难以对事情做出正确分析，让生活变成一团乱麻。

一个人家养了一群鸭子，有一天，这群鸭子把邻居家的稻禾吃了，邻居很愤怒，就把这些鸭子打死了一多半。养鸭子的这一家女主人见了，一开始很愤怒道："你有话好好讲，怎么把我的鸭子打死了？"于是准备跟邻居打官司。

但是她转念一想："如果因为这个事情去打官司，万一不能赢，岂不折腾；如果想赢，估计得花很多钱请律师，也不太划算。而且我的丈夫正在睡觉，把他惊醒了，双方一定会打架，到时候估计就不是死 50 只鸭子的事了，还不知道会发生什么灾祸呢。"

女主人左思右想，还是决定忍耐下来，把死鸭子腌了起来。第二天，邻居忽然猝死，养鸭子这一家男主人也清醒了，听说了昨天的事情便夸奖妻子："你做得好啊！如果昨天让我知道了，我一定会打对方。我一打，万一他正好死去，那我们家的日子就完了。"

我们常说"退一步海阔天空"，然而真正做到却很难。有些人缺乏自制力，每当情绪愤怒的时候，理性被降到最低，最后因"一时之气"而断送一生。

重庆公交坠江事件中，发生争执的原因很简单：因道路改建，司机提醒乘客在上一站提前下车，有一名女乘客直到过站后才突然提出要下车。因未到公交站台，司机不同意女乘客的下车要求。于是女乘客便与司机发生了一段争吵，之后冲突愈演愈烈，女乘客手持手机击向司机头部。司机当时做出反击，女乘客不依不饶，继续与司机互殴，司机慌乱之中右手猛往左打方向盘，车辆失控坠入江中。

愤怒之下的一个小决定，往往造成了一连串的负面效应，心理学家曾经说过："适当的情绪发泄可以缓解一个人的心理压力，但是如若处理不当，反过来，也会是一把双刃剑。因为它有可能让你完全忘却自我，丧失理智，在本就伤人三分的同时，再自伤七分，从而铸成大错。"

这是一个容易愤怒的时代，车闹，医闹，路怒症等新名词，都是因愤怒情绪而产生。愤怒能让本来就不好的事情更加糟糕，所以，我们应该学会如何与愤怒情绪相处。

第一，我们要尊重愤怒的感觉，而不是控制愤怒。遇事冷静，保持理智，不要头脑发热，不要意气用事，一切以大局为重。

第二，提高自己的修养，明事理，辨是非。当情绪激动时，及时察觉到这种愤怒征兆，在心里问一问自己，是什么人或事引起了愤怒？完全是别人的原因吗？自己有责任吗？只有尊重并接受愤怒情绪，自己才不会被愤怒控制。

把愤怒拿出来是本能，而把愤怒压下去是本事。如果眼前的事已然很糟糕，不妨放下愤怒，愤怒不能让生活变更好，但爱和冷静可以做到这一点。

抱怨别人，不如改变自己

很多时候，一件事，一个人，就能令我们长时间地烦恼，或者悲伤。抱怨也就随之而来，情况则会变得更加糟糕。我们之所以抱怨，是因为不满，而不满多半是因为对别人的苛求。

之所以说是苛求，是因为别人的性格和习惯不是你能改变的，比如你的老板脾气就是不好，你的同事说话就是有点让人难以接受，你的朋友吃饭的口味就是无法和你保持一致等等。对这些，一些人选择了抱怨，能够解决问题吗？完全无济于事，不过是徒增烦恼而已。

我们抱怨别人身上的某些缺点，甚至难以忍受，都是因为我们想改变别人，而事实上不可能。与其在抱怨中制造坏情绪，不如试着去改变自己，也许局势就会朝着好的方向发展。

汉克斯毕业于美国的耶鲁大学，又在德国的佛莱堡大学拿到了硕士学位，是位矿冶工程师。他满怀信心地去找美国西部的大矿主赫斯特应聘，却遇到了麻烦。

矿主赫斯特是个脾气古怪又很固执的人，他自己没有文凭，也不相信那些文质彬彬又专爱讲理论的工程师。汉克斯递上引以为傲的文凭，满以为老板会对他另眼相看，没想到赫斯特很不礼貌地对汉克斯说："对不起，我可不需要什么文绉绉的工程师。德国佛莱堡大学的硕士，你的脑子里装满了一大堆没有用的理论。"

汉克斯听了他的话，并没有生气地转身走人，而是故作神秘地说："假如你答应不告诉我父亲的话，我要告诉你一个秘密。"

赫斯特表示同意，于是汉克斯对赫斯特小声说："其实我在德国的佛莱堡并没有学到什么，那3年就是混日子。我之所以在那待到毕业，完全是因为我的父亲，他身体不太好，我不想惹他不高兴。"

赫斯特听了赞许地点点头说："好，那明天你就来上班吧。"

相信大多数人在遇到赫斯特这样一位顽固不化的老板，都会愤愤地甩手走人，并且会向其他人抱怨自己曾遇到了一个多么可笑和固执的老板。汉克斯却没有这么做，他没有抱怨，而是随机应变，迎合了他的观点，最终得到了这份工作。这一点改变完全没有影响到汉克斯在大学里学到的东西，关键在于他因此得到了这份工作，也许我们不得不佩服他是聪明的。

抱怨纵然能解一时怒气，但是并不能解决问题，更不能让我们成为最后的赢家，所以，为了更长远的利益，抱怨别人不如改变自己。这是一个发生在美国新闻圈里的真实故事：

麦克是一家电视台的记者，颇有才华，白天采访财经路线，晚上播报7点半的黄金档，一切似乎都很圆满，偶然的一次，不小心得罪了他的顶头上司——新闻部主管。之后，他就被以不适合播报黄金档为由，改播深夜11点的新闻。

麦克知道这是新闻部主管给自己小鞋穿，但他没有反驳，更没有抱怨，而是欣然接受，他说："谢谢主管，因为我早盼望运用6点钟下班后的时间进修，却一直不敢提。"

从此麦克果然每天一下班就跑去进修，并在10点多赶回公司，预备夜间新闻的播报工作。他把每一篇新闻稿都先详细过目，充分消化，丝毫没有因为夜间新闻不那么重要，而有任何松懈。

由于麦克的认真和努力，他主持的夜间新闻受到了大家的好评，收视率也有了很大的提高。然后，就有观众不断写信问，为什么麦克只播深夜，不播晚间？消息终于传到了台长那里，台长找来了新闻部主管，责令他立刻将麦克调回7点半的黄金档。

麦克又回到了黄金档，但是很快新闻部主管让学财经出身的麦克改跑其他路线，这对跑财经已颇有名气的麦克，简直是一种侮辱。麦克不禁怒火中烧，但他强迫自己冷静下来，依然毫无怨言地接受了。

后来有一天，台长打电话给新闻主管说："明天有财经首长来公司晚宴，请麦克作陪。"

新闻部主管说："报告总经理，麦克已经不跑财经路线了。"

"他怎么能不跑财经路线呢？他不是学财经的吗？不跑也得来参加，他是专家，饭后由他作个专访。"

从此，每有财经界的重要人物来电视台，都由麦克作陪，并顺便专访。渐渐地同事们都议论说："看见没？麦克现在是大牌了，只有来了重要人物，才由他出面采访呢。"而接受麦克采访的人也都以此为荣，那些不是由麦克采访的人，则有了怨言。

"不能厚此薄彼，以后财经一律由麦克跑，别人不要碰。"台长又发话了。于是，新闻主管部不得不把麦克"请"回财经记者的位子。

整治麦克都不成功，让新闻主管很恼火。不久，他又拒绝了麦克提出的做益智节目要求，让他去制作一个新闻评论性的节目。大家都知道这类节目，通常是吃力不讨好，收入又不多，再加上新闻性节目要赶时间，非常麻烦。

但麦克仍然没有抱怨地接受了，别人都说他傻，他也不辩解，慢慢地节目上了轨道，有了名声，参加者都是一时的要人。台长见参加者常常都是重要官员，于是就要求亲自审核麦克制作的脚本。之后，麦克与台长当面讨论节目的机会多了，他也渐渐成了台里的热门人物。一年后，原来新闻部的主管调走了，麦克理所当然地接任了这个职位。

面对新闻部主管一次又一次地给自己小鞋穿，麦克都没有抱怨，而是更加的努力，终于凭借自己的实力，成了最后的赢家。如果麦克只是抱怨，那么他也许早就被新闻部主管整走了，哪里还有后来的成绩？

当然，面对别人的刁难，尤其是领导故意和你过不去，实在是让人难以忍受的，有所怨言也是理所当然的，但也注定难成大事。不如改变自己，去适应环境，进而赢得脱颖而出的机会。

身处社会，就要与形形色色的人打交道，显然并不是每个人都如我们期望的样子，甚至他们会为了某个目的而不择手段，我们奈何不了。抱怨更是无济于事，不如学会忍耐，改变自己，去赢得最后胜的机会。

第 七 章

懂得坦然

亿万富翁也会为明天发愁

UNDERSTAND CALM

亿万富翁也会为明天发愁

当我们准备进行户外活动前，总会担心明天遇到坏天气，查了天气预报也不安心，于是带把伞，做到有备无患。如果为未知的明天过度担忧，那么今天也不能快乐度过。

每天早上小和尚都会清扫寺院中的落叶，一到秋冬时节，打扫起来十分不容易。有一个和尚提议，不妨前一天晚上就用力摇树，把明天的落叶也一并打扫，第二天就不用再麻烦。小和尚觉得有道理，结果第二天发现仍然满地落叶，他十分烦恼。老和尚对他说："无论你今天怎么用力摇落树叶，明天的落叶还是会飘下来。"

圣经中有这样一句话："不要为明天忧虑，因为明天自有明天的忧虑；一天的难处一天当就够了。"远虑是无穷尽的，不要让远虑成为近忧。日本大地震导致核电站泄露，我国各地却爆发抢购食盐事件，传闻说"碘盐可以防护核辐射"，于是大家纷纷担心"明天买不到盐"，辟谣后发现只是虚惊一场。

两位访谈节目嘉宾对"人生"话题开了讨论，一位嘉宾自嘲道："人生最痛苦的事情莫过于不知道明天会发生什么，让人没有一点心理准备。"另一位嘉宾则立刻反驳道："人生最痛苦的事情莫过于设法试图知道明天会发生什么。"

每个人都没办法决定明天会扮演什么角色，今天是医生，明天或许就是病人。如果把今天的时间都用来想明天，生活秩序就可能会被破坏，明天会成为今天的负担。

有一个人过得特别清贫，很担心以后会越来越不好，脑海中浮现出各种消极念头：如果将来哪天病了不能工作怎么办？孩子以后会不会像我一样穷呢？太多想法给自己增添了不少烦恼。有一天，他终于撑不住了，在这些想法中病倒了。

一位智者知道此事后，送给他一条"价值连城"的项链，"如果将来某天遇到了想象中的困难，就把项链卖掉解燃眉之急。"智者还特别强调，不到万不得已，一定不要轻易卖项链。

从那以后，穷人一想到将来的困难总是安慰自己："没什么大不了，我什么都不用愁"。这条项链起了很大作用，他绷紧的神经逐渐放松下来，心态也逐渐平复，心病很快痊愈。有一天他到店里询问项链价钱，店家说这条项链根本就不值钱，穷人恍然大悟。

我们无法预知将来，如果一直为那些不确定的事情而过分担忧，只会对生活丧失热情和信心。不管如何担忧未来，也丝毫动摇不了未来可能出现的结果。

哈利伯顿曾经说过："怀着忧愁上床，就是背负着包袱睡觉。"今天和明天是两个完全不同的时空，今天即将过去，明天尚未到来。无需让尚未到来的忧虑侵扰了现在的快乐，活在当下更为重要。

本泽明是一位士兵，在伊拉克战争中，他曾因忧虑几乎完全丧失斗志。他在日记中写道："我在这次战争中十分忧愁，患上一种称之为结肠痉挛的病，如果不是战争刚好在那个时候结束，我整个人都会崩溃。"

他在步兵师担任士官职务，工作是建立和记录一份在作战中死伤和失踪者的报告，还要帮忙挖掘士兵尸体，收集死者的私人物品，把遗物送到他们家人手里。在这种工作环境下，本泽明越发敏感起来。

他经常臆想会在将来某次袭击中死去，抛尸异乡，再也见不到妻子和孩子，最后登上那份"死亡名单"。随着担忧恐惧日愈加深，他不得已住进战地医院，军医告诉他："新的一天，每人都只能完成属于今天的工作，如果把明天安插在今天，一定会损害身体或精神。"

每当自己胡思乱想的时候，内心就会就重复军医的话，事实证明那是正确的。后来他从战场上回到家里，与亲人拥抱在一起，臆想中的客死他乡终究没有出现。

古语说："人无远虑，必有近忧"，孟子也曾说"生于忧患，死于安乐"，那不为明天担忧，岂不与古训相违背了吗？其实，"做长远打算"和"为明天忧虑"是两个概念，长远打算则是一种勇敢主动的人生姿态，充满着计划性与可行性。

明天可能很可怕，但唯一能做的就是过好今天，为明天可能出现的挑战积攒力量和自信。

为什么会有成功焦虑症

百度百科上关于"成功焦虑症"的实质解释为：人们怀着急功近利心态，希望迅速达到大众认可的成功标准。比如，学东西速成，不用经历考验；眼光很高，工资要高，地位也要高。还有网上流传着一些"知心人"论调：90后秃顶了，胃垮了，保温杯泡枸杞了；对手在看书，仇人在磨刀，闺蜜在减肥；定个小目标，先挣一个亿……这让不少渴望成功的人焦虑不安。

张帆到某公司上班三年，收入稳定却不高，想到自己的人生要消耗在单调乏味的工作中，他不禁黯然神伤。老同学聚会时，张帆发现一位曾经各方面都不如自己的同学，竟然涉足了金融行业，在自己面前侃侃而谈。对方如今事业成功，让他从心里产生了对现状的羞耻感，工作中无精打采，对单位的厌倦感也越来越强。

如今有很多青年患有"成功焦虑症"，认为没有取得大成就是一件丢人的事。比如在大城市就应当努力追求一些成功"硬件"，否则就没有面子。比尔盖茨对此说过："正是这种'时不我待'的环境，给了现在的年轻人'饥渴成功'的主观体验。让他们产生生存、发展、成功的压力。同时，在知识经济时代，我们的社会出现了一批年轻的富人、年轻的行业领航人、新的高知群，让其他那些更多的普通年轻人，看到了年轻人可以成功的实例，燃起强列的成功欲望。"

热播剧《大军师司马懿之军师联盟》中，司马懿一生练习五禽戏，拥有一副好心态。生死攸关时刻，所有人都快急死了，他却临危不乱，悠哉悠哉打完一套五禽戏。凭借这种好心态熬死了曹操、曹丕、曹睿，笑到了最后。不用刻意追求成功，只要安稳、好好活着，成功就会不期而至。

成功焦虑症的原因：首先是成功价值的传递，我们普遍认为不成功就意味着很失败。从文化传统上来说，"成王败寇"等文化观念长期占据着人们的头脑，从小到大每一个生活细节都在强化成功。作家三毛曾经在日记本写道："梦想是做一个拾荒者"，结果被老师嘲笑，这从侧面反映了在绝大多数人心中，和成功不搭边的梦想都不值得追求。

主持人朱力安说："相比来说，中国人更渴望成功，而发达国家的人对成功的渴望程度不那么高，对好的生活品质的渴望程度更高。中国人总觉得，我的钱多，我就能让家人过上幸福的生活。"人人渴望通过成功找到安全感。

人与人之间的生活理念不同，张爱玲说："成名要趁早"，于是年轻人也被告知"成功要趁早"。从比尔·盖茨到张朝阳，一大批财富英雄年纪轻轻便腰缠亿万，从"成功学毒药"到"成功焦虑症"，成功带给人们太大压力。

当务之急必须改变单一意识导向，培养多元化成功观念。成功虽然有一定外在评价标准，但更多取决于自我内在感受，一个人对自己的认可度才最为重要。世界上既有少年得志，也有大器晚成，既有万众瞩目，也有自守安宁，不同的人只能在力所能及的范围里成功。

平平淡淡才是真，也许我们并不需要那么成功，多余的东西是自己强加给自己的。对大多数人来说，平平淡淡只是一种理想的生存方式，是一种不愿触碰的奢望。

我们需要努力，但不需要活得那么累，所有的成功都是为了享受生活，生活幸福才是最大的成功。为这个方向而努力，成功才会有价值。

充实起来就不会有烦心事

《菜根谭》里说："人生太闲，则别念窃生。"人不能太闲，太闲，则无所事事，易生杂念。世上没有比每天无所事事更容易衰老了，而忙碌是良药，它可以让你忘掉一切不开心的事情。

一位男士找到情感专家倾诉苦恼，他的妻子为了照顾家庭而辞职，一直没有出去上班。刚开始妻子感觉很轻松，后来孩子大了住学校，他上班又早出晚归，家里只剩下妻子一个人，她便把全部精力都放在了老公身上。有一次，他顺路载一位女同事回家被妻子看到，回到家两人就吵了起来，气得他哭笑不得。

情感专家告诉他，可以给妻子找个工作，让她忙碌起来，一切都会好转。男士半信半疑，但还是帮妻子找了一份文职工作。虽然这份工作赚钱不多，但是每天杂事却不少，需要跑前跑后拿东西，整理报表文件。

不久之后，妻子像变了一个人，下班后经常练瑜伽，做美容，完全不再想多余的事情。现在两个人的感情很好，一起上下班，有聊不完的共同话题。

热播电视剧《我的前半生》中，罗子君刚开始是陈太太，在她的世界里只有老公和孩子，每天都会把注意力集中在陈俊生身上，生怕被人挖了墙角。后来，罗子君成为了职场精英，完全不再受当初烦恼的束缚，甚至感觉当初的自己是多么可悲和可笑。

我们总说要放松自己、放空一切，可是一旦闲下来，内心就会被各种情绪占满，胡思乱想、多愁善感。罗曼罗兰说："生活中最沉重的负担不是工作，而是无聊。"人一定要做点什么，否则就会"无事生非"。

陈漫在一个比较清闲的单位上班，久而久之失去了生活激情，每天除了上班打发时间，就是下班看剧。她自嘲提前进入了退休状态，常跟朋友、家人抱怨这不好那不好，哪哪都烦，甚至怀疑自己得了抑郁症。

朋友为了帮她，推荐了一个舞蹈班，让她闲暇时重新把舞蹈拾起来，既能修身养性，又能充实忙碌起来。一段时间后，陈漫时不时在朋友圈晒一些练舞照片，跟朋友分享练舞心得，再也没说过抑郁烦恼之类的话。

心理学家曾到精神病院做调查，发现那些病人在类似工厂的地方工作，这让他很气愤，准备揭露这家精神病院虐待病人的恶劣行径。当他深入调查后发现，这些病人虽然每天忙碌，不过看起来很开心，精神状态比以前好了很多，发病概率大大降低。在心理学上叫"工作疗法"，指通过忙碌工作来转移注意力，减轻症状，排除心理困扰。

二战期间，英国首相丘吉尔被问"面对强大的德国和重大的责任会不会感到烦恼忧愁？"丘吉尔答道："我每天要工作18个小时，在如此忙碌之中，哪有时间去发愁呢?"

萧伯纳也说:"悲惨的人生,源于有余暇时间担忧自己过得是否快乐。"如果觉得自己混得太差或者过得不顺,可能就是太闲,闲得不认真思考该怎样提升自己、充实自己,闲到一直停留在原地。忙起来,跑起来,前方的道路也就明朗起来。

如果此刻的你感到迷茫烦恼,不妨放下手机,忙起来。随便出去走一走,哪怕只是去超市买个菜,和朋友们一起吃个饭,有机会去一次西藏,去一次美国……做了这些事情你就会发现,那些所谓的烦恼,早已经忘得一干二净。

看看那些生活充实的人吧,他们在忙碌中感受生活的恩赐,即使相同的饭菜也会吃出更多滋味。他们总有看不完的书,没有学不会的新菜品。想想还有那么多的事情没有做,那么多地方没有去,那么多话没有和那个人说,哪里还有时间浪费精力和情绪呢?

"忙"是治疗矫情最好的药,往往无所事事的闲人越容易迷茫,陷入自我否定的怪圈。多做一些有意义的事情,抓紧时间行动,不担心未来,不沉迷过去,充满正能量的人自然没有时间去跟小事叽叽歪歪。

人有时候是被自己想象的事物所吓倒

孩子学走路的时候，我们担心孩子摔伤了怎么办？自己创业之前想，失败了怎么办？天天想辞职，却担心辞职后没收入怎么办？很多困难来源于想象，想象出来的困难都是纸老虎。想象困难的人自信心只会越来越少，到最后难免想放弃，坚持克服心中畏怯，困难很容易解决掉。

琼斯是一名入职不久的新闻记者，由于缺乏新闻工作经验，之前几次采访都出现过漏洞。有一天，社长叫他去访问一名当地大法官。琼斯大吃一惊道："我怎么才能采访到他呢？大法官并不不认识我，肯定不会接见我，就算答应接受采访，万一出点错误怎么办呢？"这种担心让琼斯一筹莫展。

他的同事沃顿看到这种情况，立刻拿起电话打到大法官办公室。他直接说："我是《明星报》的记者琼斯，我们想对大法官进行一个专访，不知道他是否有时间接见？"对方答完话后，沃顿说："谢谢你，下午1点15分，我一定按时到。"沃顿放下电话对琼斯说："大法官接受了采访请求，时间已经安排好了"，琼斯对此极为惊讶。

整个采访过程十分顺利，并没有出现任何纰漏。而沃顿的做法给琼斯留下深刻印象，以至于事隔多年，琼斯仍对这件事情念念不忘。

工作中类似的情况太多了，好不容易争取到一个大客户，接着就是各种丰富的内心斗争戏：客户难缠怎么办？客户不满意方案怎么办？单子黄了怎么办？领导不喜欢这个方案怎么办……当我们真正开始做的时候，发现并没有那么复杂。虽然是个大项目，也只是需求比较多，只要详细分成几个部分，各个击破即可，最后发现客户很好沟通，方案也顺利通过。

不自信的人因为想象困难而畏首畏尾，只要敢于迈出第一步，之后的事就容易得多。具有积极心态的人非但不会被想象吓倒，反而能利用积极的心理作用吓倒困难。

王志国因为弹跳能力出色而进入市级跳高队，在教练严格要求下，他进步很快，从最开始只能跳 1 米 68 到 1 米 88，足足提高了 20 厘米。只要再提高 2 厘米，他就能打破市纪录，这 2 厘米看似简单，却一直是王志国的瓶颈。

教练想了多套训练方法，可每次王志国听到杆子高度定到 1 米 90 的时候，总是突破不了，只能在 1 米 85 至 1 米 88 之间徘徊。有一天训练时，王志国跳过 1 米 86 后，教练暗中将横杆升至 1 米 90，王志国第一次试跳失败了。教练大声呵斥："平时 1 米 88 没问题，今天怎么跳不过去了？"王志国心想：1 米 88 对自己来说不是难事。第二次加速一跃，居然跳过了。教练欣喜道："你刚才突破了 1 米 90 的极限，有时候心理极限大于身体极限。"

某些简单的事经过内心放大后，变得非常棘手。放大困难无疑是给自己设置了一道障碍，虽然看不见，却深深影响着自身行动。

比如数学家高斯曾经只用圆规和一把没有刻度的直尺画出了正 17 边形。

事后老师告诉他这是拥有两千多年历史的数学悬案，阿基米德没有解出来，牛顿也没有解出来。高斯知道后惊讶道："如果有人提前告诉我，这是一道有两千多年历史的数学难题，我不可能在一个晚上解决它。"

苏格拉底说："我无知，所以我求知"。人重要的不是知道什么，而是不知道什么，明白自己的"不知"才是大智慧。柏拉图也说过："不知道自己无知，乃是双倍的无知。"知道得越多，就越难发现自己的无知之处，便越无知。

全然不知的人不会有更多顾及，只求将目标做好，"无知者无畏"就是这个道理。我们很容易陷入过多设想的困难误区中，从而变得踌躇满志、畏首畏尾。

林肯说："有许多不可能，只存在于人的想像之中。大多数人，总是习惯于夸大困难，不愿去尝试和努力。"很多棘手问题，只有尝试过才明白需要考虑的重点在哪里，问题没有出现之前，想象几乎没有任何意义。计划永远赶不上变化，想象的困难或许不会出现，即使出现问题，当初想象的计划也不一定用得上。

我们总会遇到这样那样的困难，不妨问问自己，真正的能力发挥了多少？困难有没有在想象中放大了好几倍？用"无知者无畏"的精神和勇气，大胆迈出第一步，硬着头皮去做，别让想象害了你。

不钻牛角尖，坦然面对一切

网上有一个问题：一个人要进入房间，但房门怎么拉也拉不开，请问这是为什么？答案非常简单：因为房门需要推开而不是拉开。但是对于爱钻牛角尖的人来说，这个问题却不容易答出。因为换角度看问题非常挑战他们的固有思维，是一件令他们无比烦恼的事情。

美国心理学家艾里曾经提出过一个"情绪困扰"理论，他认为引起情绪的因素不是事件本身，而是个人对待事件的信念。例如，许多遭遇挫折的人往往认为"自己倒霉"，其实这些只是个人主观片面的认知。

实际情况是：人们的烦恼往往同看问题的角度有关，能否战胜挫折，关键在于任何情况下都能找到正确、理性对待事物的角度。

山穷水尽疑无路，柳暗花明又一村，当发现自己钻牛角尖的时候，试着从不同的角度来看待问题，只要一转念，心境就大大不同。

有个年轻人为贫穷而发愁，便向一位心理学家请教。心理学家问："你为什么失意呢？"年轻人说："我总是这样穷。"

"你还这么年轻，怎么说自己穷呢？。"

"年轻又不能当饭吃。"

心理学家笑道："那么，给你一万块让你瘫痪在床，你愿意吗？"

"不愿意"

"把全世界的财富都给你，但是你必须现在去死，你愿意吗？"

"我都死了，还要全世界的财富有什么用？"

心理学家说："这就对了，年轻就等于是拥有了全世界最宝贵的财富。"年轻人听罢，陷入了沉思。

不懂变通肯定会误入死胡同，只有跳出固执的死胡同，着眼于全方位，考虑到每个细节，进一步开放思想，改变思维定式。

面对同一条坑坑洼洼的公路，一个导游说路面像麻子，而另一个导游则描写成迷人的酒窝大道。结果，前者带领的游客怨声载道，后者带领的游客非常享受。

遇到问题换个角度多想一下，了解事情真相及原委，客观正确判断事情走向。如果是自己的错，尽快改正就是了，如果错在别人，不如给自己一个大度原谅对方的理由，不要被滥事缠身。世事繁琐，精力有限，我们不可能事必躬亲，被小事所累。用"不在意"放松心灵，这是一种豁达、飘逸的生存策略。

拉不开生活中的门就试着去推一推，不要钻牛角尖、认死理。赵朴初先生的《宽心谣》里面有一句说："日出东海落西山，愁也一天，喜也一天；遇事不钻牛角尖，人也舒坦，心也舒坦。"记住该记住的，忘记该忘记的，改变能改变的，接受该接受的，不要把生命浪费在钻牛角尖上。

智慧的人，不会自己徒增烦恼

著名大提琴演奏家马友友说："别为你无法控制的事情而担心。如果发生了无可避免的延误，发生了糟糕的事情，你只要保持平常心，选择积极谨慎的方式，除此之外别无他法。要一直向着下一个时区前进，带好你需要的所有东西。"

斯多葛学派有个哲学家爱比克泰德，2000 年前曾说过这样一段话：有勇气去改变那些可以改变的事，有度量去容忍那些不能改变的事，有智慧区分以上两类事。这个理论被称为"斯多葛控制二分法"。比如，追求一个女孩，应该尽力展示自己最好的一面，用真诚来打动她。至于她怎么想怎么做，我们无法控制，唯一能做的就是表现自己绅士的一面，"尽人事，听天命"。

余珊坐公交车的时候，眼睁睁看着小偷把自己的钱包偷走，还没等她反应过来，小偷已经下车逃跑了。钱包丢了非常麻烦，里面有不少证件，很多东西都需要补办。一般人遇到这种事情肯定生气恼火，痛恨小偷，责备自己。而余珊却能很好面对，那天正好还是她的生日，可她完全不受钱包事件影响，依旧请朋友吃饭、逛街，各个娱乐活动都没有耽误，大家都很佩服她心态这么好。

　　余珊则表示，钱包被偷走实在是自己不能控制的事情，但是她可以把握自己能控制的事情：好好度过生日这一天。

　　事情不变，但对待事情的心态改变了，整个心境可能都不一样了。一般来说，每个人有两种目标，外部目标和内部目标，外部目标就是指我们不能控制的事情，内部目标是指能控制的事情。

　　只要我们设定好内部目标，对于结果而言就没有什么焦虑情绪，不管最后结果怎样都可以接受。比如，在找工作这个行动中，职位是外部目标，这里面又有很多无法控制的因素：竞争对手能力强，有关系等。单单把希望寄托在外部目标上，就会觉得焦虑不安，应该再选择一个内部目标，控制不了外界，就控制自己。比如可以尽自己所能，写一份最理想的简历，面试的时候完美展现自己的优势。

　　《巴坦加里的瑜伽经》里说："如果你能控制你的心灵，就可以控制所有的事，那么这个世界就没有任何东西可以束缚你了。"生活中的事件可以分为三类：可控制的事，不可控制的事，部分可控制的事。可以控制的事有：自己的爱好和兴趣，几点睡觉，工作是否认真等等；不能控制的事有：别人对你的态度，股市涨跌，天气情况等等。

　　但很多时候，即便我们能分清楚什么可以控制，什么不可控制，仍然可能被迫进入到不可控事件带来的沮丧模式中不能自拔。那么，我们该如何接受不能控制的事情呢？

　　焦虑、沮丧、生气等不良情绪的产生在于看待事物时的态度，尝试着换一种角度看待外在事物，结果可能没有那么坏。对于控制不了的事情，推脱责任是很多人喜欢做的事情，焦虑和生气也常常是因为不想承担责任，因此应当学会主动面对和承担。

与其把时间浪费在焦虑和生气上，还不如积极想办法解决不能控制的事情，解决问题的过程就是将"不能控制"变成"可以控制"，即前面所说的内部目标。

生活本来就不完美，不要妄想能够控制一切，那样不可控制事件总会打破你对完美生活的向往。季羡林先生曾在文章中写道："每个人都想争取一个完满的人生。然而，自古及今，海内海外，一个百分之百完满的人生是没有的。所以我说：不完满才是人生。"

正如电影《这个杀手不太冷》里有段对白：玛蒂尔达问里昂："生活是否永远艰辛？还是仅仅童年才如此？"里昂回答："总是如此"。要明白我们也是如此成长，做不到控制，那就尽量配合它。

不揣测未来，你会轻松上阵

知乎上有个这样一个疑问获得高赞："44 岁女高管自杀：有多少中年人活得像一只困兽？"。知天命的年纪却选择了弃天命，有人说是工作压力大，有人说内外围困，无法消解重重问题，其实更多的是害怕一切可能引起生活不舒服的未知因素。

早晨5点，林芸手机响了起来，看到手机屏幕上显示"老爸"二字，她的心咯噔一下紧张起来，因为林芸的妈妈一直患有心脏病。不安之中赶紧接听，原来只是问她周末带不带孩子回家。这让林芸一阵嗔怪："那也不至于这一大早打电话啊"。

其实林芸的紧张心理是大多数人的通病，出门在外的人都害怕在非正常时间看到父母电话，一惊一乍之间全是脆弱和对未知别离的恐惧。

某网友曾经爆料，当新闻上报道又一个女大学生失踪的时候，母亲赶紧打电话给自己，叮嘱她注意安全。老爸走后，母亲和姐姐一起生活，有一天这位网友给母亲打电话关机，给姐姐打无人接听，当她慌里慌张赶回娘家时，发现她们俩正在吃饭，忐忑的心这才安定下来。原来母亲手机欠费停机了，姐姐的手机又在房间里充电。从那时起，她每天至少给老妈打一次电话。

很多人虽然工作前做过职业规划，但是在一个岗位上从事一段时间后便迷茫起来。他们每天都在重复性工作，对生活的提升效果却不那么清晰，久而久之对这个职业感到厌倦，对未来的发展感到焦虑迷茫。

名牌大学毕业优势逐渐减弱，海归青年也不再有耀眼的光芒，生活节奏快，人们对物质的需求希望达到浮夸地步，在如此诱惑的环境中，所有人必须努力工作赚钱，对未来生活的心态也更加焦虑。

赵天宇在单位工作多年，眼看着后来的年轻人一个个都上位，内心着实无奈。为了让孩子上学，咬牙贷款买了学区房，现在成为一枚房奴，更不敢狠心辞职。有风声说公司可能要裁员，重点裁撤老员工，他不由得紧张起来。事后虽然证明是谣传，但是给这个上有老，下有小的中年男人带来了不小的心理负担。

网上有很多段子，比如，"80后空巢老人""90后中年妇女"等，这些已不是玩笑话，的的确确反映了某部分人的无奈心境。他们恐惧的不单单是所谓的"人生危机""中年危机"，更是对未来不确定性的焦虑恐惧。你不知道未来的日子里会遇到怎样的人，会有什么样的生活，会得到或失去什么。

心理学家将因"未来不确定性"产生的焦虑分为两类：一类是对某个特定不确定事件而焦虑，另一类是对于焦虑本身而焦虑。最开始我们只担心某件事可能出现不好的结果，随着时间延长，这种焦虑感逐渐泛化，焦虑情绪会引起身体症状或对其他事件的焦虑，形成恶性循环。比如，我们做一件不擅长的事，为结果好坏而焦虑，渐渐会发展成，做一件擅长的事也会焦虑的不良结果。

破解未知焦虑需要明确职业定位发展，比如，一个岗位上还能突破的点在哪，以往工作效果为1，那么下次能不能成为2。对于将来可能发生的某些猝不及防的事情，我们应当做到不惧怕现实问题，比如，亲人去世，未来的房贷车贷等。因为现实压力总是接踵而来，我们能做的就是积攒面对的勇气，从当前着手努力提高自己，把未知变为已知，把不确定转换成确定。

有人质疑"做到不焦虑说起来简单，实际上没有几个人真的能做到。"的确，但是真正做好准备的人在未知面前从不会焦虑，反而有一种自信，这种自信来自于对自身实力的肯定。如果对当前所做的事有足够自信，并积极为将来做准备，不管未知是什么，也都能保持着一份淡定与从容。

孟子说过："生于忧患，死于安乐，"从这个角度来看，对未知事件的焦虑危机感也可以成为未雨绸缪、居安思危的警示灯，能让我们客观评价当前和未来的处境。

在行业领域内塑造起标杆形象的毕竟是少数人，生活中的大多数人都在为生活所奔波。不要过多焦虑未来，重新审视自己，要对自己的未来充满信心。

你所担心的事情，99% 都不会发生

卡耐基在《如何停止忧虑，开创人生》中提到过一句话："你所担心的事情，99% 都不会发生。"心理学家做过一个实验：要求被试者在周日晚上把下一周的烦恼写下来，投入烦恼箱，然后在 3 周后打开箱子，结果 40% 的忧虑属于过去，50% 属于未来，只有 10% 属于现在，而 92% 的忧虑从未发生过，剩下的 8% 则能够轻易应付。

从前有个猎手，有一年冬天，他发现了鹿的足迹，追至一条河流前，河流宽阔，河面完全被冰覆盖。猎手看着冰面上的足迹皱起了眉头，他无法判定冰层能否承受得住自己的体重，犹豫再三，捕鹿的强烈欲望让他决定涉险过河。

猎手在冰面上小心翼翼地爬行，爬到一半时，冰面裂开的场景出现在脑海里，接着他似乎听到了冰面破碎的声音。整个人感觉随时可能掉下冰面，在寒风凛冽、人迹罕至的野外，掉入冰面下，等待他的只有死亡。

猎手对捕鹿失去了兴趣，只想安全返回岸边，此时他正处河流中央的冰面上，无论爬到对岸还是返回都危险重重，他进退两难，在冰面上瑟瑟发抖。

突然传来一阵可怕的嘈杂声，他误以为冰面破碎了，急忙心惊肉跳地向前望去，眼前的一幕让他惊呆了：一个农夫驾着一辆满载货物的马车快速驶过冰面。而农夫看到趴在冰面上，看到满脸惶恐不安的猎手时，以为自己遇到了一个受到惊吓的疯子。

"生化危机""玛雅预言 2012 世界末日"……我们担心的事情大多纯粹是内心凭空、幻化的臆想，即使深知此道理，我们还是会为自己"假设"出各种各样的悲剧，最后陷入自己制造的恐惧氛围里难以自拔。

比如，有一些准妈妈在怀孕期间会出现"致畸幻想"，对肚子里的宝宝做出各种各样的畸形假设，忧心忡忡，即便医院诊断证明一切没问题，也难以驱除内心阴影。这种担心是她们"渴望了解宝宝"的心理折射，但让她们心神不宁的事根本不会发生。

担心、没有安全感原本是人类趋利避害的生物特性，它把明天可能出现的难题搬到现在，脑海中虚幻、可怕的想法挥之不去，长期反复上演，导致我们最终无法正常生活，总是担心最可怕的结果会发生在自己身上，大部分的烦恼情绪都是自寻烦恼，我们更需要积极的心理暗示。

哈佛大学心理学教授罗森塔尔曾经用小白鼠做过一个非常有趣的走迷宫实验。他把一群小白鼠分成 3 组，分别配给 A、B、C 三组实验人员，然后告诉 A 组人员："分配给你们的小白鼠是经过几位教授特意挑选并精心训练的，它们血统高贵，非常聪明，你们一定要好好对待它们。"告诉 B 组人员："这些小白鼠很普通，你们用最常用的方法训练即可。"告诉 C 组："这组小白鼠糟糕透了，血统低劣，智力很差，随便用什么方式训练它们都行，反正本质已经注定。"

一个月之后，教授对 3 组白鼠进行测试，结果表明：A 组小白鼠最为聪明，都走出了迷宫，甚至短于预计时间；B 组白鼠只有一半走出迷宫，所用时间也比预计稍长；C 组只有两只成功走出迷宫，所用时间最长。

罗森塔尔教授从这个实验得到启发，他来到了一所普通中学，随便到某个班里走了一趟，在学生名单上圈了几个名字，并告诉他们的老师，这几个学生智商很高，很聪明。一段时间后，教授发现奇迹发生了，那几个被他选中的学生也一直认为自己智力超群，真的成了班上的佼佼者，其中有一个学生之前还是大家公认的"差生"。

每个人都会接受这样或那样的心理暗示，某些担心虽不无道理，但过度担心只会加重心灵负担，如果长期接受消极心理暗示，人的情绪就会受到影响。

一位击剑运动员在参加比赛前得知对手之前曾经多次击败过自己，于是这名运动员心中不断告诉自己打不过对方，为此训练状态堪忧。教练得知此事后，不停为他讲述古巴选手在未来的比赛中肯定会被他击败的理由，一次次讲解后，该选手从担心情绪中解脱出来，在之后的泛美运动会上战胜了对手。

怕被炒鱿鱼，你就应该设想下个月会升职加薪；怕被老板批评，就应设想业绩有大的提高……加强正面信息是赶走负面信息的最好方法。

电影《三傻大闹好莱坞》里有一句台词："你这么担心明天，怎么能过好今天。"不管好坏，没发生之前，空想、担心只会影响当下生活。而且事实证明，我们无中生有所担心的事件，几乎都没有发生过，不如坦荡一点，相信一切都是最好的安排。

第 八 章

学会平衡

临渊羡鱼，不如退而结网

LEARN TO BALANCE

只见贼吃肉，却不见贼挨揍

网上曾流传过王健林的一天作息表：早上 4 点起床，健身 45 分钟，一天工作量约是 16 小时；柳传志讲到自己得病的情况，往往都是病好了第二天就立刻投入到紧张的工作中，这在后来变成一个常态事件，经常半个月左右就要犯一次；如今 90 岁的李嘉诚、88 岁的巴菲特还坚持在企业的一线工作……

与商业大佬努力工作相比，我们最常看到的还是越来越多的"成功人士"：某公司估值过亿，创始人成功实现财富自由；某人有几套房子，光收房租就行。大量成功新闻给我们带来一种错觉，好像这个时代想要成功太容易了，随便做点什么就能成功，这其实是错误的。

鲁迅说："人类的悲欢并不相通"，托尔斯泰说："幸福的家庭都是相似的，不幸的家庭各有各的不幸"。我们以为成功人士在成功时毫无征兆，现实是：当前的世界和一千年前的世界一样，所有的成功都不是随随便便得来的。成功者都曾挣扎到筋疲力尽，他们展现表面上的风光，却少有人知道隐藏在背后的心酸。

华为老总任正非在创业维艰期曾决绝说："我无力控制，有半年时间都是噩梦，半夜常常哭醒，研发失败我就跳楼。"他先后历经背叛、亲人逝世、核心骨干流失……每天工作十几个小时，依旧深感无力。他的身边没有人会想到这位从小在农村吃苦长大，在部队锤炼多年，在外人眼里坚强如铁的商业硬汉竟曾如此艰难。

很多人只看到马云到处演讲风光无限，却不知道他早前的人生经历有多么痛苦。马云当年高考三次，三次数学成绩分别为1分，19分和89分，但依然不够分数线，所幸被杭州师范学院破格录取。

有次和24个人一起到KFC应聘，只有他一个人没被录取，和五个人去面试警察，只有他没通过。他背着麻袋批发鲜花、内衣袜子，被坑到一分钱没赚，再后来去硅谷融资，被三十几家风投公司拒之门外。马云曾表示自己经常晚上睡不好，担心阿里巴巴被淘汰掉，成立阿里巴巴这10多年来，公司至少经历过80次以上的挑战和威胁。

我们为什么总是羡慕别人的幸福呢？那是因为多数人都在不了解别人那本"难念的经"的前提下，倾向于不自信，认为别人比自己幸福，产生了羡慕感。因为你只看到了别人的光环，然后想着投机取巧就能获得收益，这样的人永远不会获得真正的成功。

也许有人会说这世上有随随便便的成功，富二代的成功不就是很容易嘛，一出生就有钱、有资源。他们跟我们普通人相比，确实是站在巨人肩膀上，但你以为他们就真的不需要努力了吗？

1998年，小马哥注册成立"深圳市腾讯计算机系统有限公司"，1999年，香港盈科向腾讯注资数百万美元；张良在博浪沙挥舞铁锤，差点成功刺杀秦始皇，帮刘邦从鸿门宴逃走，打败项羽，建立汉朝，事了拂衣去，深藏功与名；诸葛亮出身小士族，娶了黑脸丑陋的黄月英；王阳明是一代圣贤，他的心学流派影响力遍及东亚。他们为什么能成功？

有人说小马哥的老爸和香港李先生是老乡；张良的父亲和爷爷都做过韩国宰相；诸葛亮靠的是岳父；王阳明的父亲王华是当朝状元兼南京吏部尚书，都是因为"爹"吗？不然，小马哥的毕业设计能赚第一桶金，张良能为一个素不相识的老头拾鞋，诸葛亮未出山便知天下大势，王阳明 15 岁就游历塞外，观百姓疾苦。

我们不否认家庭因素对个人事业影响巨大，但是家境不同只是起点不同。别人也许领先我们 100 米起跑，但大多数人连站上跑道的勇气都没有，只能嫉妒别人风驰电掣，哀叹自己怀才不遇，羡慕别人成功，唯独看不到别人的努力。就算是富二代，也需要付出极大努力去守住父辈创造的基业。

普通人担小担子，有身份地位的人担大担子，虽然他们不用担心房贷、车贷等生活问题，但他们要操心公司上市，为几百上千乃至数万人的饭碗负责，所面临的考验更多，局面更复杂。

杰森·斯坦森说过一句话："你每天起床之前有两个选择，要么是继续趴下做你没有做完的梦，要么是拉开被子完成你没有完成的梦想。"许多人羡慕科比在篮球领域所取得的成就，并把这归功于把他的天赋，而科比问道："你见过凌晨 4 点的洛杉矶吗？"

所有的梦想一定都是披荆斩棘，搬开前进道路上的绊脚石后，最终才能实现。如果把人比作树木，那些风光的人，树冠郁郁葱葱，还有一个看不到的事实，他们的"根系"早已向地下深处延伸。

盲目的攀比只会徒增烦恼

《牛津格言》中提到："如果我们仅仅想获得幸福，那很容易实现。但我们希望比别人更幸福，就会感到很难实现，因为我们对于别人幸福的想象总是超过实际情形。"的确如此，人总是在哀叹自己的不幸，总是在想：看看人家，再看看自己，唉……

电影《你好布拉德》中，布拉德是一位47岁的油腻大叔，作为一名中产阶级，布拉德衣食无忧，拥有贤惠知足的妻子，优秀争气的儿子，但和睦美好的家庭并不能阻止布拉德滋生焦虑情绪。每每想到那些功成名就的同学朋友，他就觉得自己的生活简直糟糕透顶，内心瞬间升腾出一种挫败感来。

比如朋友尼克，有名望有地位，在好莱坞做导演，整日生活在温香软玉之中；朋友杰森，有钱有势，自己开公司，名下拥有多套房产，名义上还是一位慈善家；朋友比利，卖了自己的公司，40岁就已经过起了纸醉金迷的"退休"生活，身边的女朋友年龄小他好几轮；朋友克莱格，在白宫工作，天天上电视，出的书瞬间就被抢购一空，简直就是人生赢家。

人心真是奇特，不对比的时候，有车有房，有钱有闲，家庭和睦，觉得自己的生活还是挺幸福。只要身边出现了比你优秀的人，内心瞬间被打入难以翻身的灰暗之中。

盲目攀比的人热衷于比职位高低，比薪金多少，比能力好坏……到头来又得到了什么呢？一身烦恼，疲倦和痛苦。盲目攀比的人喜欢与比自己过得好的人比，总拿自己的长处与别人的短处相比，结果比输了情绪上不舒服，心理上严重失衡。

有些人一辈子被攀比心理牵着走，看见别人财大气粗，也想体验有钱人的生活状态，等拼命赚钱准备赶超时，又看见别人比自己潇洒自由……生活总是充满埋怨，明明想要比所有人都成功，最后既没有享受自己的生活，也没有像别人一样家财万贯。

"人比人，气死人"就是对盲目攀比最好的诠释，攀比心理促使人们不停寻找攀比目标，用别人的成功来折磨自己。一个真正理智成熟的人，不会用攀比这样的方式来突显优秀，而是更珍惜满足自己拥有的生活。

某公众号上有这样一个故事：陈晓静去一个嫁入豪门的朋友家玩，住的是三层豪华别墅，客房装修十分奢华，床是自己梦寐以求的欧式太子床，她心里对朋友充满了羡慕之情。

陈晓静回到家的第一件事就是躺在床上，老公问："怎么，这是玩累了？""一点不累，在朋友家的欧式太子床上睡觉时，最想的还是我们家这张床。"听了这话，老公笑了："我也这么觉得，金窝银窝不如自家狗窝。"陈晓静盯着天花板说道："虽然我们家的床不大，也没有那么软，但是睡在上面感觉幸福、安稳、踏实。"

老公特别感动，信誓旦旦说："放心老婆，总有一天，我一定会给你买一个两百平的大房子。"陈晓静摇摇头："房子不重要，只要一家人在一起，住任何房子我都很满意。"

你喜欢和别人比财力、名誉、地位，其实大可不必那么累，只需要问问自己喜欢什么，满足需求就够了。在攀比面前多一份知足，少一分贪念，心境平静，生活便轻松写意，不起涟漪，知足的人最好命。

人最经不起比较，比较会让你羡慕别人光鲜华丽的外表，对自己的欠缺耿耿于怀，不要总在别人的路上寻求成功，不如走自己的路。漫画大师朱德庸说："我相信，人和动物是一样的，每个人都有自己的天赋，比如老虎有锋利的牙齿，兔子有高超的奔跑、弹跳能力，所以它们能在大自然中生存下来。可人们都习惯性地希望成为老虎，但其中有很多人只能是兔子。我们为什么放着很优秀的兔子不当，而一定要当很烂的老虎呢？"

保持豁然情绪状态，做正向比较，尽可能收集更多信息进行全面比较。比如说，朋友圈晒出游、晒美食等，这些只是生活的一个片段，并不代表一个人真实的生活状态，也许对方也经历过苦闷挫折。他们只是把不好的一面隐藏起来，把积极向上的一面展示给大家。乐观的心态不仅能够给自己加油打气，也能够感染身边的人并给他们力量。

站在更高的高度看待攀比，比如，两位服务员可能会比挣多少钱，但是他们从不和企业家比谁更有钱，谁做的慈善更多。我们需要从向内提升情绪修为，用更全面的视野去看待攀比问题。

生活就像马拉松比赛，从起跑到结束的过程中，暂时领先或者落后很正常，最后真正要比的是耐力和持久力。人都有独特的内在资源，要多看到自己的优势，用内在比较取代外在比较。

用豁达知足的心态对待盲目攀比，保持一颗安闲自在的心，一切随缘，顺其自然，如此才能扫清烦恼。

与其抱怨不公，不如提升自己

曾国藩曾说："牢骚太甚者，其后必多抑塞。盖无故而怨天，则天必不许，无故而尤人，则人必不服，感应之理然也。"总是抱怨发牢骚的人，一定走不好今后的路，因为他们不反思提升自己。一味抱怨会引起别人反感，让人敬而远之，最终失败在所难免。

2019 年达沃斯论坛上，马云表示自己这些年见到了世界上各领域的优秀领导人，这些领导人有一个共同特点：从来都不抱怨，他们不会因为这个、那个而不高兴，他们只会抱怨自己做得不够好，但是不会抱怨别人。所以，如果你碰到一个对别人抱怨，对外部抱怨的人，千万不要找他。

马云曾在南非出席活动时还坦言：曾经被 30 多家企业拒绝，那时正处于创业初级阶段，还需要很多资金来支撑。没想到找了 30 多家投资公司，全部被拒绝，很多人甚至认为他是骗子，虽然当时处境非常困难，但是马云从来没有抱怨过。

有哲人说："抱怨是最消耗能量的无益举动。有时候，我们不仅会针对人、也会对不同的生活情境表示不满。如果找不到人倾听我们的抱怨，我们还会在脑海里抱怨给自己听。"抱怨并不能解决问题，反而会成为负面情绪的温床，不如把时间和精力用到培养和提升自身能力上，做一个行动者、改变者。

　　孩子刚上学那会，周洁每天早晨手忙脚乱，几乎天天迟到。到公司总是和同事抱怨家庭生活诸多不顺，抱怨老公懒惰，抱怨孩子不让人省心，别人家怎么怎么好……有一次抱怨完，她刚好看到了镜子里的自己，像极了怨妇。她决定改变自己，从不抱怨开始。

　　结果第二天早上出门前找不到喜欢的衣服，随便穿了一件便匆匆离开，更可气的是下起了雨，公交车还迟迟不来。好不容易到公司，当她习惯性想要跟同事吐槽抱怨时，突然想起了昨天的决定，赶紧"闭嘴"，重新调整心情，把注意力投入工作中去。不久之后，她成功摆脱了抱怨情绪的束缚，工作与家庭生活也变得顺利起来。

　　电影《肖申克的救赎》中，主人公安迪被冤枉入狱，受尽委屈，他并没有为此而抱怨，而是私下悄悄挖隧道逃跑。后来唯一的证人死去，安迪更加坚定了越狱，在一个雷雨之夜，他成功逃出。

　　努力改变自己，学会不抱怨，这是成长过程中很重要的一堂课，改变是痛苦的，不改变会更加痛苦。罗曼·罗兰说："怨怒燃起敌意，豁达重拾希望"，把抱怨的心情化为上进的力量，才是真正聪明的做法。"

　　当我们察觉到自己在抱怨的时候，要勇于承认抱怨情绪的存在，提醒自己先顺从，后控制。可能刚开始的时候，由于思维惯性，还是会不经意间抱怨，然后慢慢把抱怨声从三句降低到两句，再到一句。直到最后即使抱怨的语言到了嘴边，也能够不说出口。

心理学家说："如果抱怨情绪超过某个临界点，内心积怨和精神压力会更大。"抱怨并不能解决问题，反而会把事情弄得更糟，诅咒黑暗，不如点亮蜡烛，叫苦不如吃苦，抱怨不如争气，抱怨与改变本是主观心态问题。抱怨之前先从自身找原因，"我哪里做得不好，能不能做得更好？"行动起来，内在不较劲，外在不抱怨，一切都会朝着想要的方向发展。

正如电影《新喜剧之王》中的女主如梦，做群众演员时受了无数委屈，仍默默忍受，坚信只要努力就能改变现状，即使全世界一直在和她作对。最后终于等来了机会，获得了最佳女主角奖项，这个时候整个世界都很美好。有一种境界是："世界无情时我多情，世界多情时我欢喜，"如此才得以最好的自我成全。

承认别人优秀，努力去接近优秀

网上曾有人做过话题讨论："承认别人的优秀，有那么难吗？"得到的高赞回答是："确实很难，特别是要让你承认，身边和你处于同一起点的人比你优秀时，更是难上加难。"毛姆曾经说过："你要克服的是你的虚荣心，是你的炫耀欲，你要对付的是你的时刻想要冲出来想要出风头的小聪明。"

蒋勋先生曾经分享了一则趣事：文艺复兴时代，米开朗基罗常常有意无意与达芬奇展开一场场艺术较量。对于年长自己 23 岁的达芬奇，米开朗基罗总是抱有一种十分不敬的轻蔑和不屑。他总是嘲讽达芬奇华丽的衣着、许多作品没有完成……而他当众羞辱达芬奇时，达芬奇总是默默不语，仍然优雅地向年轻的米开朗基罗致敬，然后转身离开。

懂得向对手与敌人致敬，懂得向比自己优秀的人学习，这才是真正的强者。或许米开朗基罗在心灵深处憎恨自己，因为他的对手是一座无法翻越的大山，正是这种压抑与郁怒的心情，让他没有办法承认达芬奇是何等优秀。

为什么承认别人优秀这么难呢？这个时代从不缺乏优秀的人，从某种程度上而言，有些人一直在固守自尊，觉得你比我优秀就是一种压制和威胁，承认对方优秀即意味着承认自己无知、失败、不如人。因而不愿理解和承认这份优秀，而是用低俗的价值观去衡量对方，顺便加以嘲讽。

比如，一个人年纪轻轻就成了公司老板，有人会说：他肯定有一个有钱的爹；一个年轻漂亮的女孩开着豪车，有人就会说：一个小姑娘怎么可能买得起这样的车，肯定是小三；一个新员工从基层快速升至管理层，有人会说：这么多老员工都没晋升，他为什么升那么快？他和老板肯定有亲戚关系……

心理学上有个专业术语叫"达克效应"，指的是认知水平越低的人，越习惯于对自身有过高的评价。他们会以有限见识将对方优秀的一面进行否定，放大其不好的一面，以此来说服自己："对方不配得到称赞与认可"，甚至气急败坏地发脾气。认知水平高的人则恰恰相反，他们有能力正视别人的优秀，知道自己的所知有限，愿意用欣赏的态度对待身边优秀的人。

杜晓月所在部门里来了一个新职员，和她同龄，但比她漂亮，她和朋友聊天的时候都会略带嘲讽般聊起这个新来的姑娘。

有一次，她和新来的姑娘一起负责某项目，对于这次机会，杜晓月心里卯足了劲，想着好好表现，把她比下去。进入合作环节后，她发现对方不仅人长得漂亮，工作完成得更漂亮。不仅如此，方案中需要核算非常复杂的数据，杜晓月为此发愁的时候，对方主动揽过这项任务，避免了失误发生，整个过程还帮了杜晓月不少忙。

在最后总结工作的时候，对方还不忘对她表示感谢，特意提到从杜晓月身上学得了很多经验。从那以后，杜晓月接受了对方优秀的事实，心里没有了之前的芥蒂，更多的是对比自己还有哪些不足，应该要向对方多学习些什么。

固步自封的人才会一味否定别人的优秀，无论有多不愿意承认，都不可能抹灭别人的优秀。自己却被嫉妒情绪困在原地，丧失了自我提升与改进的机会。

承认别人优秀是真的不如人吗？当然不是，只是格局和高度决定了是否以谦逊的眼光看待生活。什么时候能看清自己不如人？对生命真正有信心的时候，比起急着要证明自己优秀，敢于承认自己技不如人，才是真自信。

"承认别人优秀"从来不是一件丢脸的事，它更像一面反射出我们的不足与缺点的镜子，让我们发现别人的优点，通过学习来提升自己。当一个人丢掉压抑的情绪包袱，打开心理上的枷锁，用一种更健康、开阔的心态去看待别人和自己时，内心就会变得非常强大。

别再做一个情绪柠檬精，总质疑别人的成功，要不吝于肯定和赞美，多敬佩别人的优秀面，这才是打开优秀人生的正确方式。

不去仰望别人的幸福，珍惜当下的拥有

泰戈尔曾在《错觉》一诗中这样写道，河的此岸暗自叹息："我相信，一切欢乐都在对岸。"河的彼岸一声长叹："哎，也许，幸福尽在对岸。"的确如此，山野飞鸟羡慕笼中鸟吃喝不愁，笼中家雀则羡慕山野飞鸟自由翱翔；年轻人羡慕中年人成熟稳重，功成名就，中年人却羡慕年轻人朝气蓬勃，风华正茂。

在电影《夏洛特烦恼》中，夏洛是一个生活在社会最底层、一事无成之人。在梦中情人的婚礼上，看到周围的同学个个混得有模有样，他不免心生嫉妒，好不容易伪装出来的大气优雅也被赶来的妻子拆穿。厕所里，夏洛在内心卑微丑陋带来的愧疚和唾弃中沉沉睡去。

梦中，他再次回到中学时代，强吻校花、狠揍王老师、把马冬梅和好兄弟撮合到一起。他向校花表白，参加唱歌比赛，得到大歌星的青睐，后来成为娱乐圈鼎鼎有名的歌星，几乎是全世界最闪耀的星……

当以前的嫉妒遗憾得到弥补后，夏洛突然发现最离不开的人还是妻子马冬梅。他在几十平方米的破屋子里找到了马冬梅，感觉无比亲切，竟然被一碗茴香打卤面感动得泪流满面。之后看到马冬梅和自己的兄弟在一起，心中

产生一种自己的东西被夺走的感觉。

后来他终于清楚大家都是因为功利性而喜欢他，只有马冬梅曾经真心实意喜欢过他这个人，甚至不惜牺牲自己，默默为他付出。从梦中醒来后，夏洛心里溢满了感动，无比悔恨自己之前不好好珍惜妻子的爱。

我们渴望得到一种东西，或者向往某种状态，真正得到它之后，才会明白也不过如此。相比之下，当初的简单是多么可贵。镁光灯下的明星，看似恣意潇洒，可卸了脂粉，放下身段，他们向往的还是片刻宁静温馨，眷恋的还是人间温情。

杰克曾是一位年轻有为的政治家，30出头的年纪就成为了副市长，官场前途一片光明。可世事难料，一次意外发生了，在他所管辖的城市，一个油库无端爆炸，几百名无辜市民为此丢掉了性命，杰克作为市政官员无法脱离干系，他被免职了。

很多朋友对他表示惋惜的时候，杰克却很平静，他从副市长位子上退下来，过上了另外一种生活。

他放弃了东山再起的机会，回到乡村，闲暇时就在自家菜园里种菜、施肥，最大的爱好是走村串巷，收集一些民间陶器。很多人说他虚度光阴，可他乐在其中，很珍惜现在难得的悠闲，丝毫不羡慕老朋友们奢华的生活。

由于知识和才能出众，他很快就在瓷器收藏上有了收获，竟然收集到几十件世界顶级珍宝。当有人问杰克："为什么你能在收藏上有这么大成就？"杰克笑道："因为我从不盲从羡慕别人，清静的生活让我可以一心一意鉴别陶器。"

生活中的困扰不安多数是由羡慕之心造成，我们不能总拿生活中不圆满的部分和别人比较，却始终习惯忽略自身圆满的部分。

有一位女作家晚上回家时，远远看见家里的窗户透着熟悉的灯光，门打开后是丈夫温和的笑脸，桌子上摆放着热乎乎的饭菜。那一刻她悄悄告诉自己：以前总是羡慕别人的幸福，从今天起不再羡慕任何人，用心珍惜自己拥有的一切。

幸福究竟有多远？幸福总是一闪即逝，如果你从来都是仰望别人的幸福，它会离你很远；如果你是个知足、懂得珍惜已拥有的人，幸福就会离你很近。

学会珍惜所拥有的一切，首先要学会放弃。人想要的东西太多了，但不是每一样都能消受，当别人拥有的一切让你妒火中烧时，换种方式想想能让心变得平和满足。别人开着跑车，我骑自行车环保又锻炼身体……知足常乐，不必羡慕，凡事均有度，想要面面俱到，只能把自己弄得疲惫不堪。

从现在起热爱自己，珍惜亲情，珍视友情，守护好自己拥有的一切。因为原本拥有的一切总是最好的，也是最适合自己的，不要苦苦追寻那些本不属于你的虚无幸福，以免得不偿失。

把自己当成自己，就不会徒生嫉妒

爱默生在散文《论自信》中所说："每个人在他的教育过程当中，一定会在某个时期发现，羡慕就是无知，模仿就是自杀。无论好坏，他都必须保持自己的本色。虽然广袤的宇宙之间全是美好的东西，但除非他耕耘那一块属于自己的土地，否则他绝不会有好收成。他所有的能力是自然界的一种新能力，除他之外没有人知道他能做些什么，他能知道些什么，而这些都必须靠他自己去尝试求取。"

有一部日剧叫《总觉得邻家更幸福》，小宫山是一名家庭主妇，原本生活还算平静，可自从隔壁搬来新的邻居之后，小宫山的情绪就变得格外焦躁，她总是不自觉把自己和邻居家的生活作对比。

有一次，小宫山正在院子里洗衣服，邻居夫妇刚好路过院子。他们准备参加一个高级晚宴，丈夫西装革履，妻子背着名牌包包，打扮显得精致时髦。而小宫山的盆里正在洗着各种脏衣服，她整个人的神态也略显狼狈，与邻居夫妇打招呼时满面紧张。

原本小宫山习惯了洗衣做饭、朴素打扮，而当光鲜亮丽的邻居出现后，她心里也忍不住思索："为什么自己只有鸡毛琐碎的生活，而别人却那样精致美好？"她对自己的生活方式产生了质疑。

为了赶上邻居的"优质生活"，在家里已经揭不开锅的情况下，她还是花钱租了一些奢侈品来家里摆拍，然后把精致的照片晒到社交网络上，以让别人羡慕自己生活光鲜。小宫山不知道，那对情侣看起来让人羡慕，回家关起门后却因为是否要结婚而争执吵闹；另一户家庭备孕已久，迟迟无法怀上孩子，反而羡慕有孩子的小宫山。

我们常常羡慕别人拥有的一切，三室两厅的楼房，城市喧嚣的夜晚，朝九晚五带双休的工作，从而忘记了自己生活的美好。可这些羡慕给你带来快乐了吗？并没有。我们改变不了心态，羡慕带来的是满满的负能量和对自己的不珍惜。于是我们开始强行改变自己，模仿他人，期望过得更"幸福"，在羡慕嫉妒中逐渐失去了自我。

本杰明·富兰克林有句名言："世界上有三样东西极其坚硬：钢铁，钻石，以及认识自己。"你就是你，世上再没有第二个，不用羡慕别人，无论在人群中，还是只身站在旷野里，都要承担起只有你才有的一切。有句话说"允许别人和自己不一样，允许自己和别人不一样，"前半句教会我们包容，后半句教我们认清自己，活出自我。

总听许多成功人士讲述奋斗历程，我们羡慕他们的成功，有时也尝试按照他们的方法去努力，却总是不得要领。殊不知，每个人都有独一无二的道路，别人的路仅仅是别人的，不必羡慕。种子需要靠自己的力量破土而出，我们也必须靠自己的力量来主宰自我。

周杰伦刚出道时，他创作的音乐风格不被大牌歌星所认可。然而他没有气馁，始终坚持自己的音乐风格，后来出了第一张专辑《JAY》，一举成名。如果周杰伦迎合别人的观点，不能坚持自己的风格，可能就不会受到那么多人的喜爱。

有时坚持自己的道路会遇到意想不到的困难，别人会站出来对你品头论足。所以一定要管好自己的思绪，听从本心，保持自己风格，不要轻易被别人的言论左右，只要认为自己是对的就坚持下去。

有的人总会想：比起别人得到的欢乐，我的快乐太微不足道了，这样的人就会永远陷于痛苦嫉妒之中。快乐和嫉妒都是一种情绪，谁占主导地位，全靠心态调节。身边的人越优秀，他们带走的羡慕和赞美目光越多，我们会觉得不开心，觉得被忽视，认为自己的利益被破坏。快乐和嫉妒都是一种情绪，谁占主导地位，全靠心态调节。

这就需要正确评价自身优缺点，看到嫉妒情绪背后的正面价值是：提醒我们变成和对方一样优秀的人。然后付出行动，在不改变本心个性的前提下，把羡慕嫉妒化为努力的动力，我们同样可以成为优秀的人。

不能紧盯别人的优势，忽略了自己的长处

《雪梅》一诗中："梅须逊雪三分白，雪却输梅一段香"，屈原《卜居》中有："尺有所短，寸有所长"。再伟大的人也有短处，再渺小的人也有优点，不可紧盯别人优势，忽略了自己长处。

对于没有一技之长，无论长相、能力还是家庭背景都不值一提的人来说，他们总是怀疑自己，还有值得骄傲的地方吗？不要如此妄自菲薄，或许你的性格特点就是天然优势。

《欢乐颂》里面的曲筱绡，她性格率直，敢爱敢恨，为人主动，这种为人性格赢得了很多人的喜爱。我们虽然没有受大众欢迎的性格，不代表我们不被大家认可。

对于性格而言，我们多数时候只停留在内向和外向这两个角度，其实性格有很多维度，性格特质成就着我们：乐观具备感染力，幽默是交往中的焦点，勇敢能赢得信任等，不要只盯着自己不如人的地方，而要发掘出与众不同的优势。

无论精英还是普通人都必定拥有各自的闪光点，那是别人无法模仿的独一无二，多花点时间来发现自己的优势。比如，性格内向的人可能在社交场合处于劣势，但在洞察力、创造力等方面高于常人。拿短板去碰别人的长处，

不如抓住自身优势，做好自己，不必羡慕别人。

在各种社交网络中，我们经常能看到网友妄自菲薄："讨厌自己，懒惰、自私，全身充满缺点，还成天想着旅游玩耍，真的一无是处。"人都是不完美的，这并不影响正常生活，有人做事拖拉，但性格干脆直爽；有人办事马虎，说话却一诺千金。各种各样的优缺点并非单独充斥在灵魂之内，而是并肩存在，在不同的情况下分别露面，看到自己长处，接纳自身的不足，才能迎接更完整的自我。

陈蕊参加十周年同学相聚时，发现舍友赵晓慧完全变了一个人似的。当年的赵晓慧是一个不自信的典型，她时常给人一种从头自卑到脚的感觉。这次再见面，赵晓慧俨然变成了一位自信满满，落落大方的姑娘，大谈特谈目前生活，未来理想，从她身上丝毫看不到从前自卑的影子。

陈蕊好奇地问道："怎么感觉你整个人都变了？"赵晓慧露出得意的笑容说："毕业后的一段时间内，我还是跟以前一样自卑，觉得自己没有什么优点。不过后来发现自己虽然有很多方面比不过别人，但同样也有许多比别人更加优秀的地方。比如，我不善于社交，但是我做事细心，家境条件不好，却更加能吃苦。正是这些小优点，我在单位做的还不错，后来不断受到上司赏识，失去的信心也逐渐回归，通过不断改正缺点，让自己变得越来越好。"

美国作家赛利·格曼曾经写过一本书叫《认识自己，接纳自己》，书中提到观点：没有人天生完美，每个人都要学会发现自己的长处，看到自我闪光的一面。人们就像近视眼，不容易发觉自己的强项，反而能轻而易举感受到微小缺陷，得出自己一无是处的荒谬结论。

下次妄自菲薄的时候，记得回头找一找身上隐藏的闪光点，它们并非不存在，只是你未曾发现，或许这些年来，你不小心遗忘了很多闪光点。一旦发现了自身闪光点，内心就会重新焕发自信光芒。

挖掘闪光点的方法，首先是自我认识。在一张纸上写下你的优势和劣势特质，面对这些点，感受自己是什么样的心情？优势多，还是劣势多？

然后找出自己人生中几段最满足的经历，并针对它们写一段文字进行描述。针对这段文字突出特质，比如天赋，天生比别人更擅长唱歌跳舞等。

最后求欣赏，人认识自身优势的眼光远远不如认识劣势的眼光，带着优势特质找熟悉的人来进行展示，看看在他们的眼中，你有什么独一无二的优势。

我们要坚信人都有别人所比不了的长处，上天赋予的智慧和能量有限，某方面强，必有另一方面弱。人最大的缺陷不是缺少能力和才华，而是没有"天生我材必有用"的认识，重要的是发现自己的长处，如此才能避免被负面情绪所束缚。

与其羡慕别人，不如自己去奋斗

毕淑敏说："生活就是泥沙俱下，鲜花和荆棘并存。"一个人的处境未必糟糕黯淡，其他人的生活也未必都是光鲜亮丽，羡慕别人，不如认真用心过好自己的生活。

张琪从小就羡慕明星生活，毕业后坚持去横店发展，这几年演过很多不起眼的小角色，她的朋友圈常会发与明星的合影。很多朋友都觉得她非常幸福，天天可以和明星一起照相，发朋友圈晒优越感。

真实的情况是，她从来没有觉得有任何优越感，只是一心一意为自己想要的生活而努力。每当凌晨三四点，她还会发一些还未收工的朋友圈，诉说剧组日子辛苦难熬，每天很早要化妆，无论多晚都要卸妆，想踏踏实实睡几个小时都成了奢望。也有人劝说她大不了就放弃，干别的工作，但是她始终在坚持。有时候挺不住了，她会想到李雪健老师还在坚持，自己怎么可以放弃。

每一个光鲜亮丽的身影背后都有着一段不堪回首的岁月，很多名人也都曾经历过社会最底层的落魄生活。当我们再去羡慕别人生活得多么光鲜亮丽，抱怨自己微不足道的薪水时，不如想想为什么我们总是在羡慕嫉妒恨。有时间胡思乱想，更不如把心思投入到工作中，用努力来让别人羡慕自己。

有这样一句话："一个人总在仰望和羡慕着别人的幸福，一回头却发现自己正被别人仰望和羡慕着。"青年作家卢思浩有一句话："有时羡慕别人的生活，只是一种逃离。"总看向别人是对自身现状的视而不见，也是对现实的逃避。

临渊羡鱼不如退而结网，真正优秀的人会花时间来提升自己，哪里有功夫羡慕别人的生活呢？每个人都有自己的时区、节奏，我们能做的就是把握好现在，利用能够利用的资源、平台，让自己强大起来。不要光羡慕别人，更要多关注自己，过好自己的生活才是对负面情绪的最大化解。

非洲长跑冠军哈利默原不是专业运动员，也没有专业训练老师和基地，教练就是他的父亲，两人一直过着清贫寒苦的生活。在长达八年的时间中，两个人的生活只围绕"跑步"这一件事。

曾有人劝他们俩："不是每个人都能通过跑步赚钱，何必为了跑步过而这样穷苦呢？"但两人还是坚持下来了。8年时间中，哈利默有了惊人进步，先后拿下非洲长跑冠军和世锦赛冠军。在获奖台上，别人问他成功秘诀时，哈利默说："这些年，我和父亲从来没有谈论过别人的生活，我们更不会去羡慕别人的优越生活，只是做到过好自己，一心一意追求自己的梦想。"

专注于自己，稳定情绪，潜心努力，你想要的，时间都会给你。总是去看别人生活的样子，反而会乱了自己的步伐。

有没有如此体验：跟之前的好朋友分开生活后，对方的生活变得越来越好了，每天都会在朋友圈晒各种美食，各个地方的风景图，住酒店，泡温泉，生活特别惬意。如果有一天坐在一起聊天的时候，忍不住问："为什么你每天都有好吃的，还能有时间去那么多地方玩。"

除了他们真正"发达"以外，回答可能是这样的："已经有好几个人问过这种问题了，但并不是你们想的那样。真正的情况是下班后还要见客户，在外面吃饭时我就会拍下来发发朋友圈。有时候利用休息时间陪客户出去转，还要给他们介绍这个介绍那个，一天下来腿都要断了。因为喜欢摄影，所以我就把美景美食拍下来上传朋友圈，仅此而已。"

朋友圈并不能代表一个人的生活质量，现在的朋友圈基本都是记录本，记录着去过哪里、吃过什么东西、遇到什么好玩的事，以后没事看看也觉得有意思。伍迪·艾伦有句话特别好："欣赏和喜欢你拥有的东西，而不是你没有的东西，你才能快乐。"

有一个职场前辈，工作二十余年，在多座城市里待过，换过二十多份工作，经历过大大小小的挫折、失败和磨难。他回想以往经历时说："这些年经历了很多波折和磨难，明白一个道理是别总是羡慕别人的生活。没有一个人能够无忧无虑，唯有专注于自己的生活，努力过好当下才最重要。"

羡慕心态就像一座围城，城外的人想爬进来，城里的人想爬出去。互相羡慕憧憬之余，总觉得自己过得不好，而别人再糟糕也都是闪闪发亮，充满幸福。但别人好坏都是别人的事情，我们只能选择过好自己。当某天不再想一个劲爬进别人的围城，而决定在自己的城中安心扎营时，我们就能享受到快乐，活得从容而自在。

第 九 章

多点
信任

惴惴不安是因为你疑神疑鬼

MORE TRUST

世间本无事，庸人自扰之

《新唐书·陆象先传》云："天下本无事，庸人扰之为烦耳。"人总免不了遭遇一些饱受煎熬的事儿，有些困扰仅仅源于内心，也就是自寻烦恼。

妻子从丈夫的衣服上找到一根乌黑亮丽的长头发，她连哭带骂质问丈夫："怎么回事？这是其他女人的头发！"突如其来的质问让丈夫摸不着头脑："什么其他女人，你想多了吧。"接着，妻子又在丈夫的皮包里发现了一根白头发，这让她更加激动："真没想到，一个白了头发的老女人你也要，气死我了！"丈夫只得无奈地说："别再胡闹了！"

从那以后，丈夫在进家门之前，先把自己从上到下检查一遍，看看身上是否粘有不知道是谁的长头发，以免回家后被妻子误会，确认没有任何可疑头发时，他才敢放心进门。没想到妻子这次直接要求离婚，丈夫不解道："今天你又看到其他女人的头发了？"妻子摇摇头，丈夫更加奇怪："今天都没有发现任何头发，怎么比前两天还生气呢？"妻子哭着回答："因为你现在居然连秃头女人都不放过。"

性格多疑的人总是对身边人的一些行为充满疑心，觉得全世界都不值得信任。当别人告诉我们某某在背后说坏话，我们马上火冒三丈；有人表达友好时，我们心里就会嘀咕："他是不是有什么企图？"于是原本并没什么的小事想来想去，就被想象力赋予了一种真实存在的意义，我们也就变得忧心忡忡了。卢梭说："我们的悲伤，我们的忧虑和我们的痛苦，都是由我们自己引起的。"实际上，绝大多数时候，想象最可怕……

我们为什么要庸人自扰呢？有人在嫌弃自己的同时，把其他人都看得一钱不值，这就导致了众叛亲离；当问题第一次出现时不加以解决，错过了解决问题的最佳时机，索性再往后拖，任由事情变得更糟，导致愤怒和苦恼情绪埋在心底；把别人的问题、责任统统算到自己头上，烦恼成疾：长久的消极情绪，致使人失去对自己、对他人的信心、信任。

人心很微妙，可以容纳很大的事，也可以把极小的事无限放大。庸人自扰的原因，就是总把一些鸡毛蒜皮的小事想得过于严重，偏偏忘记了事情的本来面貌。杞人整日担忧天崩地裂，吃不下饭，睡不好觉，自寻烦恼已经到了寝食难安的地步，可见自己真能吓坏自己，正如诗人李白所说："白日不照吾精诚，杞国无事忧天倾。"

赵飞刚入职一家公司，有一天在洗手间里，无意中听到上司打电话："还是个大学生呢，我都不好意思说他，做出的东西真不怎么样，要是再没新意，就直接劝他走人。"听到这话，赵飞感觉主管口中的那个人一定是自己。

接下来的日子，他每天战战兢兢，每逢主管找他谈话，他都会认为："要被开除了！"那段时间里，同事在一起说说笑笑，他都有一种被嘲笑的感觉，自信心从此一落千丈，接踵而至的是，他开始时刻注意自己的一言一行。

后来，他的设计被所有人另眼相看，上司当众进行了表扬嘉奖，同时，另一名新员工被辞退。他这才明白，那天在洗手间里听到的话根本与自己无关，从此，他再也不认为上司看不起自己，也不再疑心同事在讲他坏话了。

就像大家身边的某位朋友，你和她说话前都需要考虑考虑："她会不会理解错，生出一系列脑洞，而且反复地想？"如果我们在旁边试图解释，她就会把解释过多分解，然后问："真的是这样吗？"这样的朋友真的是严重庸人自扰者，自己累，身边的人更累。

如果我们知道了这件事情不会发生，自然就安心了，但是很多人不是这样，明知道不会发生，还是会疑神疑鬼，自相惊扰，在虚幻的现象面前盲目惊慌。即使我们态度诚恳，明确告诉他，这件事情不可能发生，对方也不一定听，这是一种画地为牢的心态，别人想帮你都难，解铃还须系铃人，心病还得心药医。

不要过多在乎他人看法，如果轻易被别人的话所影响，杯弓蛇影，岂不很可怜吗？为了本不会发生的事情饱受思想煎熬是一件很悲惨的事，学着豁达一点，理智看待每件事情，就会发现自己曾经的恐惧情绪竟那么可笑。

在遇到麻烦时，不妨试着做一下"那又怎么样"的练习，比如，"如果我表白，可对方不喜欢我怎么办？"变成"如果我表白，他不喜欢我，那又怎么样？"我们通过这种方式可以真正放松身心，避免让那些不存在的事情浪费我们的时间，而将精力集中在"真正值得"的事物上。

安全感都是自己给的

钟爱流浪的三毛说过这样一句话："心若没有栖息的地方，到哪里都是流浪。"无论走到哪里，心中皆有安全感，行走至天涯海角，处处是灵魂的故土。

从 2010 年相亲节目红火起来以后，"安全感"一词出现的频率越来越高，女人要安全感，男人也要安全感，好像大家不是来相亲的，而是来找安全感的。人人都想找到一个人，永远把自己放到温室里，赶走恐慌和不安，给自己足够的安全感。

爱可以给人带来安全感，但这份从别人那里求来的安全感终究是短暂的。当你有创造安全感，并守住它们的能力时，安全感才会持久。真正的安全感，从来都是自己给的。毕淑敏曾说："真正的安全感只可能来自于一个地方，那就是我们的内心。"要学会找到自己的精神维度，避免灵魂漂泊在别人的港湾，因为不知道哪天港湾就不让你停留了。

曾经有人在节目上问主持人涂磊一个问题："我一谈恋爱，就会变成依赖型人格，总是黏着对方，最后男友都以累为理由而放手，我该怎么办？"涂磊的回答是："因为你在恋爱中，放弃了独立的自己，总是懒惰地索取对方的依赖和宠爱，变得粘人和纠缠，所以对方才会觉得累。"舒婷的《致橡树》中有几句关于爱情的比喻："我如果爱你，绝不像攀援的凌霄花，借你的高枝炫耀自己……我必须是你近旁的一株木棉，作为树的形象和你站在一起。"爱情里，相互独立才能有自己的安全感，而不是过度依赖，失去独立人格。

安全感的本质是用自己的努力和生活进行一场等价交换。有这样一种爱情场景：男人总会对女人说"我养你，你不用上班"，并以各种理由让女人相信这份感情一定能走到底，女人本就是弱势群体，时刻需要高度安全感，当有一天双方分手，那份安全感便粉碎了。爱情不是女人的事业，更不能把一切希望和安全感都寄托在对方身上，而忽略了构建属于自己的价值。

皇后乐队传奇主唱弗莱迪，用自己的一生揭示了安全感的真正意义。他出生在一个英国乡村中的印度移民家庭，家境极差。移民身份、非主流长发、一口龅牙、奇葩穿衣风格，都让他在人群中显得格格不入。社会不接纳他，就连父母都不认同他，所以他从小就在寻找心理意义上的安全感：一个身份认同。弗莱迪相信："只有我才能定义自己，我生来就该成为我想要成为的人。"为此，他创造了属于自己的摇滚世界：皇后乐队。

他积极利用自己身上的每一个条件去创造自己的价值，在别人眼中他的龅牙丑陋不堪，他自己却说这可以让嘴张得很大，音域横跨四个八度。几经努力，乐队终于接到一个著名经纪人邀约，其间弗莱迪被问道："凭什么你们会成功？想成名的年轻人太多了。"他回答："因为我们都不合群，我们的音乐是做给和我们一样的人，我们为了他们而歌唱。"

的确，很多时候安全感源于家庭和大环境，而人们对安全感的依赖很难改变，但在成长中，我们必须走出依赖，心理意义上的安全感不完全等同于家人和伴侣。

斯坦·李是"漫威宇宙"的创造者，他的原生家庭一片狼藉，父母争吵不断，让他从小沉浸于幻想的精神世界。他把在家庭里压抑的自我投射到笔下的超级英雄身上，"蜘蛛侠"彼得·派克仿佛是他的化身，后来他又让这些英雄组成"复仇者联盟"，一起面对威胁，英雄之间如同家人，美好情谊让人向往。

斯坦·李无法从家中获得心理上的安全感，只好用幻想来为自己创造家，为自己、为他人，创造精神宇宙。一个人有了"家"，就有了无畏的勇气和安全感。从头到尾完全舍弃对他人的依赖是不可能的，世界上没有人可以完全不依靠外界力量，凭空创造内心的安全感。我们要在依靠别人带来的安全感的同时，逐步塑造起自我安全感，只有自己优秀了，才有人爱，才无惧失去。

不要老想着自己需要安全感，没有人有义务给你提供安全感。心理学大师卡尔·罗杰斯说："人一生的意义，是成为你自己。"而实现这个意义需要通过各种办法，找到心理上的"家"，创造属于自己的安全感。

一个人究竟该如何看待事物，很大程度上决定了他面对各种挫折时的承受能力，只有自己成为强者，才不需要别人给的安全感。

爱人就是用来相爱的，不是用来猜疑的

什么样的爱情是美好的？轰轰烈烈、风花雪月、花前月下？不同的人有不同的答案。无论哪一种，爱的基石都源自于自信和信任，爱的"长治久安"更需要不断地培养自信和信任，爱就爱了，又何必猜疑。

20 世纪 80 年代时，电影小生达式常是万千少女的梦中情人，大家对他的喜爱程度，绝不亚于对如今当红偶像的疯狂。像达式常这样出众的人，总会让各种类型的女人着迷，尤其是他经常在电影中扮演年轻多情的丈夫，这样的角色设定更是吸引了不少女性。

他常常收到大量信件，里面有很多女生对他倾诉爱意，有的信里还夹着个人写真，还有的直接表明想要取代他妻子的位置。达式常在外面奔走，也经常会有各种类型的姑娘走来搭讪，可是达式常从来没有辜负过妻子无条件的信任，他的心中始终只有妻子王皓文。

他的妻子王皓文始终坚定地站在达式常的立场上。达式常一个人在外面奔波，时间长了，自然会出现很多不好听的话，当她听到有人说达式常和某个女演员走得很近的时候，常常只用一句话来应对："我相信他。"面对达式常的时候，她也总说不用顾忌这么多，电影里该怎么着就怎么着。

　　爱情中的两个人不要把事情放在心里，要坦诚相待，相互之间要取长补短，开诚布公地谈，在信任对方的同时，通过谈话去找问题的解决方法。爱情具有排他性，好的爱情不是有多少人爱过你，而是两个相爱的人愿意信任彼此。

　　爱情中的相互信任就像一张白纸，如果不信任对方，哪怕只是在上面滴上一滴墨水，这张纸就会沾染上污渍，再想擦掉就很难了。如果双方已经没有足够的信任，那么在一起的意义也就没有了。信任对方就是给他（她）足够的信心，相信对方不会做出格的事情，同时，对方给你信任的时候，不要辜负这一番信任，以免把信任消耗掉。

　　在电影《风月俏佳人》中，男主爱德华到洛杉矶出差，误入红灯区，结识了年轻漂亮的妓女薇薇安。因为谈生意时需要带女伴一同前往，爱德华决定花 3000 美元雇薇薇安一周，请她做出席交际活动时的女伴。在相处的一个星期里，两人之间渐渐生出爱意，再也无法离开对方。

　　因为薇薇安妓女的身份，爱德华始终没能承认这份感情，他始终认为薇薇安只是为了钱才和他在一起，于是给予薇薇安充分的物质补偿后，忍痛割舍了这段感情。而薇薇安觉得爱德华只是想让自己做他的情妇而已，她选择了尊严，毅然离开，即使没有钱付房租，生活压力很大，但最终没有拿走那笔对她来说很重要的钱。

　　薇薇安离开了爱德华，回到自己的公寓，她决定去上学，开始新生活。正当她准备出门时，爱德华的汽车已停到了门外，后来两人澄清了误会，彼此深深信任对方的真心，有情人终成眷属。

爱德华和薇薇安互相不信任是爱情的死结，但是后来两人澄清误会，互相信任，成功挽救了这段爱情。每个人都知道爱情中的"信任问题"多么重要，可是知道和做到是两码事。比如一个闺蜜对你开玩笑说："你有这么好的老公可要看紧点，小心被别人抢走了。"你却坦然一笑："喜欢他的女人还真不少，但我们完全信任彼此，情敌三千又何妨？"

两个人之间的相互信任是相爱的基础，双方全心全意信任，才能一起经受考验。但是，人在爱情中会将猜疑敏感的天性发挥到极致，如果双方偷偷查看对方手机、翻包包，只会让对方觉得你不信任他，关系就会越来越糟。

恋爱双方需要隐私，都需要给对方留下一定的私人空间，当然这必须是建立在信任的基础上，给对方信任，也要让自己值得被对方信任，只有两个人坦诚、信任，爱情才会长久。两个人相信彼此，生活也就没了那么多的鸡毛蒜皮，相处也就自然轻松。最好的爱情，就是把信任交给对方，把空间交给自己。

与其紧盯对方，不如提升自己

网上曾有留言问道："每天都想偷看另一半的手机，好奇对方平时会和什么人打交道，只有清楚对方干了什么事，才会相信爱情，这种心理是不是有问题？"某知名手机集团在英国做了一项问卷访问，调查爱人之间对于手机隐私的态度。在参与调查的 2000 人中，有 54% 的人表示，如果对方不分享手机密码，自己就会没安全感、起疑心；有 40% 的人会偷看对方的手机，其中 60% 的人曾经找到过对方背叛自己的迹象。

意大利电影《完美陌生人》讲述的是 3 对夫妻和 1 位男性友人在饭桌上聚会时，女主人突然提议每个人把收到的短信、消息、电话公开分享。在分享的过程中，人人心态复杂，既担心自己的秘密被曝光，又渴望知道另一半的秘密。

随着一波又一波信息、电话公开，餐桌瞬间变成一个"实锤"现场。第一对夫妻新婚不久，表面上爱得如胶似漆，暗地里女方跟前男友一直保持着联系，并且充当知心姐姐的角色；而男方则私下送耳环给别的女人，当场收到一个女人的电话时，对方声称自己已经怀孕。

第二对夫妻正在经历七年之痒，丈夫洛克每晚会收到一个陌生女人的裸露照；妻子卡洛塔也的手机每天会收到一个陌生男人的关心询问。

第三对是这次聚会的主人，从表面上来看老夫妻的问题最少，实际上女主人瞒着丈夫去隆胸，但丈夫本就是隆胸医生；男主人私下去看心理医生，但妻子本就是心理医生。原来妻子是为了情人隆胸，而她的情人就是在场的另外一位男士。全场只有男主人罗科最冷静、问题最少，但是他的内心却对这场游戏背后的事实充满忧虑。

恋爱双方为什么想偷看对方手机？有人说盯紧点是为了防范于未然，更深层次的原因是自我价值感不够。恋爱双方总想把亲密无间当成一种常态化的感情相处模式，把全部喜怒哀乐依托于对方所给予的爱与付出上。

可是低自尊带来的低价值感，让恋爱双方觉得自己拥有的可能是一份不完整的感情，这种极度缺乏安全感的状态，让人无法信任任何人，所以人们希望通过透彻了解对方每时每刻的行为，来增加感情束缚力和内心安全感。

在此基础上，手机自然就成了了解对方行踪、消费、内心戏的绝佳平台。当一个人在另一半的手机上看到了不该看到的东西时，对方本来是个坦诚交心的人，如今却说你"就爱胡思乱想"。对这一切都解释之后，你是对另一半更加信任了，还是觉得更有疑点了呢？如果对方烦了，索性交出手机，你会不会又觉得："是不是把东西都删光了才给我看？"可是换个角度想一想，如果我们自己变得越来越优秀，还有必要偷看对方的短信和聊天记录吗？

人本是感性的动物，因为太重感情，所以很多时候会把时间花在另一半身上。在爱情中，不要以为付出越多，得到回报就越多，相反越是黏着、盯着另一半，越会让对方觉得很烦。很多人都有趁另一半睡着的时候偷看手机短信和通话记录的冲动，如果对方真的想瞒你，盯紧对方有用吗？

赵雪曼以前热衷于看老公的手机，几乎每晚都会查，有时候还会让孩子帮忙偷老公手机，但她从来没有发现过实质性的信息，因为这事，双方经常闹不愉快。

后来赵雪曼干脆放弃检查老公手机，一副"爱咋咋地"的心态，开始打扮起来，并报了瑜伽练习班，着手考注册会计师，空闲时和朋友聚会，整个人看起来充满朝气，越来越年轻。从此，剧情反转，每天老公都要检查她的手机，时刻盯着她好友列表里的男人，生怕有狂蜂浪蝶来骚扰纠缠。后来，赵雪曼和老公终于明白了对方猜疑时的用心和各自的感受，两人的感情开始好转了。

有偷看对方手机的空余时间，不如多看书、多学习。愚蠢的人总是天天紧盯着自己的爱情，生怕被人抢走，而聪明的人总是让爱情天天盯着自己。

无论是男人还是女人，提高自己的德行、素质和涵养，相当于给自身魅力加分，另一半会被你周身所散发的气质所吸引。努力开拓自己的事业：如果你赚的钱比你的另一半少，双方经济实力不相匹配，久而久之，你就会被另一半看不起，最好的解决方法就是让自己更加优秀，才能吸引到更加优秀的另一半。

积极参加社交活动，提升情商：拓展自己的社交网络，让自己有更多的朋友，因为魅力需要自己经营和发挥；一个高情商的人会更了解人心，在跟另一半交谈的时候，总是能够想到对方心里在想什么，这种理解正是感情双方所需要的，如果能做到这一点，自然会让人觉得你很珍贵。

处于感情中的双方不要选择放弃自己成长的权利，要不断完善自己，努力展现出自身魅力，只有这样才会让另一半对你刮目相看，努力成长的人总能成为恋人眼中的光芒，而不努力的人终有一天会黯淡无光。

理性思考，消除你的疑心与不安

古希腊哲学家亚里士多德有句名言："人生的最终的目的在于获得觉醒和思考的能力，而不只在于生存。"获得觉醒与思考能力的最初源动力是怀疑，理性思考往往与人的疑心焦虑勾连在一起，用理性思考消除疑虑的本质是理智的怀疑。正如大文豪莎士比亚所说："怀疑是大家必须通过的大门口，只有通过这个大门口，才能进入真理的殿堂。"

比如，一度在网络疯传的"尼斯湖水怪"、"天池水怪"是远古时期的蛇颈龙，专家多次解释，现在的地球环境与远古时期大不相同，加上淡水环境中没有足够多的食物，根本不会出现体型巨大的生物，但众人仍对"水怪"之说深信不疑。

网络信息太过繁杂，真假难分，而人们越来越依赖网络信息的同时，自身科学素质并没有全面提高，如果观点新奇，人们会选择抱着"宁可信其有，不可信其无"的疑惑观念，转发的人多了，人们也就信以为真了。《荀子·大略》中有："流丸止于瓯臾，流言止于智者。"面对人云亦云的事件，真正的智者能全面、理性思考，而非仅听一家之言便得出判断。

疑虑情绪不仅来源于无知，还由偏见产生。心理学发现人都有确认偏见效应，内心对一个人有偏见的时候，猜疑就会发挥力量，越是怀疑对方怎样，对方的各种行为就越是符合猜疑特征，因为我们会在生活中搜集各种证据去佐证这个猜测。

比如，一个人丢失了一把锤子，当他看到邻居时，就会特意留心观察，越看越觉得邻居的言行举止像小偷，甚至已经在心理上默认邻居就是小偷。没过多久，他在自家院子的石头下找到了锤子，之后看到邻居就又觉得全然不像小偷。没有理性思考的人总是特别留心外界对自己的态度，有时一句没有意义的话也会琢磨半天，硬要无中生有，发现潜在意义。

钱小雅突然在老公手机上看到他和购物客服的聊天记录，大概意思是老公要买个礼物，几天之后送给某个她。钱小雅意识到了什么，正想冲到浴室"闹事"，又把即将爆炸的心态按捺下来。

冷静想来，"几天之后生日，看这日期绝对不是我，那个她是谁呢？他妈妈？他妹妹？不对，或者是外面的女人？"突然灵光一闪，"会不会是我妈？我都忘了这回事，难道他还记得？"想到这里，钱小雅的疑虑情绪才稍稍放缓一些。

果然，几天后，老公拿着从网上购买的礼物对钱小雅说："我看咱妈快过生日了，你平时又忙，顾不上买礼物，怕你忘了这事，我就提前从网上买回来了。"钱小雅感动万分，同时庆幸自己之前没有大吵大闹。

不善于理性思考的人是因为自己太过感性，头脑容易被情感左右，我们要学会用智慧去武装头脑，遇到一件让我们起疑心的事情，要理性思考关键所在，从而解决心中疑虑。

为何做一个"理性思维"者呢？就是在我们碰到问题时，多了解事物现象的真实信息，让大脑和真实信息建立连接。比如，某山区发生了大地震，可是身处平原的人由于恐惧而不敢回家睡觉，而学过地理的人发现，两地相隔甚远，再者，此平原地区根本不在地震带上，所以平原地区的人根本没必要疑虑。

接下来，寻找事实根源，透过现象看本质，多问为什么，认真思考一下这种行为的目的是什么，用这些问题引导理性思考，比如有人发布"碘可以防辐射"，而他们囤积居奇、大肆卖盐就是谣言背后的本质。

当我们能够以理性的眼光去思考问题，就能看到一般人看不到的东西，做事会更加准确，遇事也不会单纯靠情感去猜疑问题。

相信对方，相信自己

屠格涅夫有一句名言："先相信你自己，然后别人才会相信你。"科比·布莱恩特也说过："如果连你自己都不相信自己，那么还有谁会相信你？"信任别人的初心源于相信自己。

在电视剧《三国演义》中，诸葛亮七擒孟获的故事深刻体现了先自信再信任他人时的重要性。蛮王孟获多次言而无信，频频找借口推脱，诸葛亮却多次放虎归山。从常人的认知来看，孟获多次食言只能让诸葛亮更加不信任，可诸葛亮一次又一次地释放孟获。这是因为诸葛亮秉持"我相信"原则，自信能够再次擒拿孟获，也相信他最终会诚心归降。

将信任的决定权交给别人是因为不相信自己，缺乏足够的安全感，害怕一旦被别人欺骗，自己就不能掌控局面。他们拒绝信任别人，在自己与别人之间设立一道防线，以消极而保守的方式来获得内在安全感。

"我相信你"，主动权在"我"身上，"你"的表现动摇不了"我"的信任，诸葛亮信任孟获，本质上是高度自信，不怕被骗，没有恐惧感。有时，你会不相信别人，那么你相信自己吗？自信是对自己的肯定，连自己都不信的人，别人又怎么相信你？自信的人最起码能让别人知道你的实力值得相信。

小泽征尔是世界著名的交响乐指挥家，在一次世界优秀指挥家大赛决赛中，当他按照评委给出的乐谱指挥演奏时，敏锐地发现了不和谐的声音。一开始，他以为是乐队演奏出了错误，于是停下来重新演奏，但那个声音还是不对，他马上示意乐谱有问题。

可在场的作曲家和评委权威人士坚持说乐谱绝对没有问题，是他错了，小泽征尔思考再三，斩钉截铁地大声说："不！一定是乐谱错了！我自愿退出这次比赛。"话音刚落，评委席上的评委们立即站起来，报以热烈的掌声，祝贺他夺魁。

原来，这是评委们精心设计的"圈套"，想以此来检验指挥家能否发现乐谱中的错误，并在遭到权威人士"否定"的情况下，他们能否坚持正确想法。前两位参加决赛的指挥家虽然也发现了错误，却因随声附和权威而被淘汰，充满自信的小泽征尔因而摘取了荣耀。

莎士比亚曾说："自信是走向成功之路的第一步，缺乏自信是失败的主要原因。"自信在人与人的信任之间发挥着重要作用，如果老板安排一个工作，你回答的时候不自信，没底气，老板还会把这个任务给你吗？你以后还值得老板信任吗？在感情中也是同样的道理，很多人并不是故意怀疑伴侣，而是他们觉得危机四伏，因为对自己不信任，也很难信任伴侣的忠心。

越是缺乏自信的人，越容易在别人身上发现谎言和欺骗的踪迹，然后打着"为对方好"、"太爱对方"的幌子，质问对方："你到底爱不爱我？有多爱我？会永远爱我吗？"企图用控制对方来获取安全感，这些行为反而传递给对方"不被信任，不被尊重"的信号，破坏对方的安全感。

　　自信是自己给自己的，缺乏自信最直接的原因就是没有足够强的实力，和别人相比没有拿得出手的优势。不妨花时间好好提升一下实力，一个有实力的人会受到别人的尊敬，这份尊敬会增强自信心。

　　外在第一印象对一个人的自信心影响很大，好的形象绝对会为你加分，也会让你更加自信。不妨从颜值入手，多多关注细节，赢得他人认可。比如，坚持护肤，做最适合自己的发型、服装搭配等。

　　著名主持人涂磊曾说："信任的前提是自信，被信任的前提是自律。"只有自信的人才不会被外界因素所诱惑干扰，也只有自信的人才会认定自己有分辨是非的能力、拉拢人心的魅力。请时刻保持自信，但不要自负，你将拥有更多可信任的朋友。

正面沟通，别让猜疑在心里发酵

托尔斯泰的《安娜·卡列尼娜》中，安娜是一个猜疑心理很重的女人，每次与恋人渥伦斯基发生口角时，就会怀疑渥伦斯基变心，看到渥伦斯基与别的女人说笑，就猜疑是他的新欢；渥伦斯基不在身边，就猜想他去拈花惹草……最终安娜在猜疑中走投无路，卧轨自杀。说到底，她始终没有与渥伦斯基开诚布公地正面沟通过。

要让自己过得舒心，不能只顾及自己，而是在顾及别人感受的同时，表达出自己的感受，让对方明白自己的想法，不猜测别人，也避免被别人猜测。

安妮做饭的时候，习惯于把第一刀切下的那块肉直接丢到垃圾桶，从她与男友认识，到后来成为她老公，再到成为她孩子的爸爸，安妮一直这样做。而她的丈夫也一直对此保持猜疑，他常认为自己老婆是不是有什么不可告人的癖好，却从来不好意思问。

直到有一天，她的儿子突然问道："妈妈，为什么你总是把切下来的第一块肉扔掉呢？"她的丈夫也在一旁，等着听这个秘密。看着这两个人疑惑的眼神，安妮说："小时候看见母亲切肉，那块肉掉到地上了，她就切下了脏的那部分，扔到垃圾桶，这成了我的认知习惯，我一直觉得第一块肉不干净，仅此而已。"丈夫和儿子听了哈哈大笑。

NLP 大师李中莹教授说："'沟'者渠也，'通'者连也，'沟通'本身的意思是借助某种渠道使双方能够通连。"人与人之间的沟通是打破猜疑的"破冰行动"，如果两个人之间出现了问题，不能瞎猜疑、瞎折腾，要想过好日子，沟通显然比无端猜疑更好用。

王霜收拾家务的时候，在垃圾桶里发现了一个残破的商标，上网搜索后发现，竟然是一款著名女士香水。而自己从来没有买过这种香水，由此猜疑老公有了其他女人。接下来的一段日子，王霜经常偷偷查看老公手机，根本没有暧昧信息，这更激发了她的猜疑。虽然王霜什么都没说，但是两个人的关系还是进入了莫名其妙的冷淡期，她开始甩脸色给老公，对他冷嘲热讽。

终于有一次爆发了争吵，王霜没有忍住，一口气把香水商标的事说了出来，没想到老公非但没继续生气争吵，反而"噗嗤"一声大笑道："我说你最近跟吃错药一样，没事找事，原来是心里装着这事。"

"你就是不爱我了，在外面有别的女人了。"王霜委屈着哭诉。

老公解释道："我上次把车借给了同事，这事还记得吧，那商标可能是车上的，后来我回家后发现粘在裤子上，顺手撕下来扔垃圾桶里了。至于那位同事为什么要把商标撕下来，那我就不知道了。再说了，我要是给别的女人送香水，还撕商标干吗啊，给人家一个完整的香水不好吗？"这么一说，把王霜也给逗乐了，一场感情纷争烟消云散。

婚姻双方不说出心中想法，一般有两种情况：故意不说，希望对方能够猜测自己心思，以此来感受对方对自己的爱和了解程度；另一种是在较为敏感的问题上故意隐瞒，以免波及原本的感情关系。两种不沟通可能会给对方带来压力和疲惫感，招致反感，引起争端。因此，对于内心想法，双方应该及时交流沟通，让对方准确明白你的意思，有时候讲清楚就可以化解的误会，千万别隐瞒不讲，以免引来更大的误会。

不猜疑时，什么事都没有，一旦猜疑起来，就处处可疑，进而产生一连串猜疑。他为什么会猜忌你？你又为什么会猜忌他呢？其实就是信任不够、沟通不够，各自有自己的想法。遇到猜疑心重的人令人头痛，如果遇上了，如何正确对待呢？很简单的办法就是沟通。沟通又必须讲究有效沟通，这才是解决猜疑的关键所在。

一位美国心理学家曾指出在沟通中，身体语言、面部表情、肢体姿势等所传达的信息非常有效果。试想：明天会有大风暴，怎么处理？动作 1：面带笑容，双手放松摊开，迎接风暴到来；动作 2：面部紧张，双手紧握。两个动作传递出的信息明显不同。运用好身体语言，可以让对方感受到你在倾听他、接受他。

此外，语言技巧也很重要，沟通常常是用心交流，多走感性路线，这种方式可以让对方感到我们沟通的诚意。NLP 创始人理查德·班德勒说过："当你对别人说话时，你不是给他一些信息便是在改变他。"比如，学会复述对方的道理，"你的意思是……""你刚才说得挺有道理……"在肯定对方观点的前提下，后面接上我们的解释观点，让人更易于接受。

沟通方式上，比如，微笑代表赞同、认可、接受；不理不睬透露出"拒绝沟通"。但是沟通又不仅仅限于语言，可以写一封沟通交流信，即使是恋人之间也可以采取这种方式，再者，给对方倒一杯水、做一顿饭也是可行的沟通方式。

沟通是两个人的事情，我们在表达想法的同时，也要倾听对方的想法。村上春树说："越是不爱思考的人，越不愿意倾听。"我们需要从字面上、对方的身体语言、语音语调语气，甚至某些字眼中来体会潜意识传递的信息，这些都是倾听的内容，以免沟通双方因为传达信息不准确而产生误会。

猜疑在自己的想象中存在，都是因为想"探个究竟"而产生，我们不妨试着从正面沟通消除他人的疑惑，这个代价只需要一份诚意、几分察觉、些许宽容。当彼此打开心扉，有效沟通的时候，整个世界都在对我们微笑。

一定要相信"相信的力量"

纪伯伦有句名言:"我们已经走得太远,以至于忘记了为什么而出发。"人生的旅途中,我们究竟追求的是什么?只有相信自己不忘初心才能走得更远,走得更加稳固。"吸引力法则中"也提到"相信就是力量",对于某个虚幻的目标,因为我相信,所以我到达。

1954 年以前,跑完一英里的世界纪录是 1945 年的 4 分 01 秒,当时所有人,包括科学证明得出结论: 4 分钟内跑完一英里是不可能的事情。

而牛津大学一名酷爱田径运动的医科学生却不信,他立志要突破,并相信自己能突破。1954 年,他以 3 分 57 秒 9 跑完了一英里。之后一两年内,4 分钟内跑完一英里的速度不断涌现,没有任何设备技术提升,更多只是因为一个相信的念头。

为什么软件银行集团董事长兼总裁孙正义能成为亚洲首富?就是因为他相信自己能行。孙正义开公司第一天,仅有两个员工,他兴致高涨地跳在苹果箱上说了一句话:"跟着我干,将来我要超过比尔盖茨,成为世界首富。"

发表完演讲后,仅有的两个员工都跑了,他们说老板是疯子。那两个员工不知道,孙正义曾在医院病床上躺了两年,在此期间,他看了很多书,做了很多商业计划,相信自己100%可以实现理想。

每个人都有相信的点，比如销售行业，多数人被客户拒绝几次以后就会害怕，其实要把信任传递到客户心里，他才会购买产品。相信是一种磁场，当你怀疑自己的时候，其他人也在怀疑你，当你相信自己的时候，别人也会相信你，人这一辈子最悲哀的是不敢去相信，不信自己、不信别人。相信又没有损失，万一成功了呢？

相信能在人际关系中创造向上的力量，能激发出一个人内在能量和源动力，活出一个人的担当和责任。科学研究指出：信念之所以能够产生强大力量，主要是从三个层面发挥作用：第一个层面使人高度专注，第二个层面是激活积极主动、百折不挠的意志力和行动力，第三个层面是最大限度地激发潜能，产生难以估量的作用力，创造出"奇迹"。

在印度的一次心理学家大会上，一位心理学家讲了一个试验：将两只大白鼠丢入一个装满水的器皿中，它们拼命挣扎了大约8分钟就再也不动了。

然后在同样器皿中放入了另外两只大白鼠，在它们挣扎到5分钟左右的时候，放入一块跳板，两只大白鼠得以生存。若干天后，将这对大难不死的大白鼠放入同样器皿中，大白鼠挣扎的结果是24分钟，3倍于一般情况下的时间。后来，心理学家看它们实在不行了，就把它们捞上来了。

心理学家说：前面的两只大白鼠只能凭体力来挣扎求生，而有过逃生经验的大白鼠却多了一种精神力量，它们相信有一块板会救它们出去，所以能坚持更长时间。当别人问他为什么还要捞出来时，他说："有信念的大白鼠更有价值。"

相信"相信"的力量，马云在公开演讲和企业管理中一直强调这句话，相信散发出来的能量会让相信的人浑身充满信心和力量，结果真的能做到、做好。生活需要相信的力量，但不知从何时起，人们已经不愿意再去相信，开始用怀疑一切来武装自己，甚至嘲笑相信是天真幼稚、不成熟的表现。

希望是走下去的动力，相信什么就会看见什么，相信潜规则，就会发现无数潜规则；相信不公平，就会发现处处不公平；相信美好，就会发现生活到处有美好。心理学家麦基的《可怕的错觉》一书中，提出了一个概念：你看到的只是你想看到的。一个人的内心充满某种情绪时，心里就会带上强烈的暗示，然后想方设法地去佐证，就好比喜欢一个人的时候，她的一切都很美好，缺点也会成为优点。

麦基还发现："一个人相信什么，他未来的人生就会靠近什么。"对比现实发现，还真是如这句话所说。新东方创始人俞敏洪写过一篇《相信奋斗的力量》，文中讲了他的一段经历，高中老师对全班同学说："你们在座的，没有一个能考上大学，以后一定都是农民。"很多人就相信了，然后中途退学，或者考一次就放弃了，但俞敏洪不相信，他只相信努力和奋斗终会有回报，一次不成，就考第二次、第三次……最后终于考进了北大。

人民日报副总编卢新宁曾回北大做了一个演讲。她说了一段发自肺腑的话："我唯一的害怕，是你们已经不相信了——不相信规则能战胜潜规则，不相信学场有别于官场，不相信学术不等于权术，不相信风骨远胜于媚骨……"相信什么，才能看见什么，才能拥抱什么，才能成为什么，只有相信的东西才有可能反过来选中我们，这就是相信的力量。

当你选择"相信"的时候，可能不是高深的信仰，而是儿时父母教的浅显道理，也同样会给我们带来无穷的精神力量，进而实现自己的美好愿望。

第 十 章

活得真实

拒绝死要面子活受罪

BEEN TO ME

人活着，重要的是"里子"而非面子

鲁迅杂文里写过一个故事：一个前来奔丧的人，因为没有人让他戴白孝而怀恨在心，认为太没面子，便招集了一些人，大闹了一场。结果本来是丧事的现场，变成了血肉横飞的战场。易中天先生也说过："面子是咱中国人的宝贝，几乎主宰着我们的日常生活"。在人际交往中，面子比任何东西都要珍贵，伤什么也不能伤了面子。

电影《一代宗师》里有一句话："人活在世上，有的活成了面子，有的活成了里子，而只有里子，才能赢得真正的面子。"可见面子多数时候只是表面文章，人家给我们面子是因为看重我们的"里子"，比如，请客吃饭应该请什么人，应该郑重请或只是知会一声，坐首位还是敬陪末座等，这都是由"里子"来决定的，如果没有实力，没有"里子"，也就没有尊重。

有多少人被面子奴役？用面子奴役自己，奴役别人。有些人一辈子为了面子而活，没有要面子的实力，还担着要面子的心，相比面子，一个人的"里子"更加有用。李嘉诚曾说过一段话："当你放下面子赚钱的时候，说明你已经懂事了；当你用钱赚回面子的时候，说明你已经成功了；当你用面子可以赚钱的时候，说明你已经是人物了。"

曾经有一段马云的视频在网上疯传，1996年，这个又矮又瘦的年轻人骑着自行车，挨家挨户推销黄页。镜头记录下了他曾经所有的窘迫与无奈，也见证了他的誓言，他说：再过几年，北京就不会这么对我，再过几年你们都会知道我是干什么的。

人越是百无一用的时候，越执念于无足轻重的面子，处处要表现自尊心，因为除了自尊心，他一无所有，而面子对于一穷二白又渴望成功的年轻人来说就是绊脚石，所以说，面子来源于自卑。法国作家尤瑟纳尔说过："世界上最肮脏的，莫过于自尊心。"自尊心让一个人脆弱、自卑、敏感的性格有了借口和掩护。

有个年轻人自尊心很强烈，坚持要当"白领"，宁可失业在家啃老，也不去做"蓝领"。家人好不容易托人帮他找了一份理想工作，第二天就因为被嫌弃学历低而伤了自尊，之后便火速辞职，然后再次赋闲在家。

追逐外在面子不如尽心修炼里子，里子丰盈了，外界就无法轻易影响你，反而能挣回面子。当下许多时候，只有"有里子"才会被"买面子"，真正有实力的人，不会过于虚张声势，因为有里子，不必靠别人高看自己给面子。

马云说过："多学一件本事，就能少说一句求人的话。"被人看不起时，除了对自己毫无体面感的无力，一点办法都没有，那种感受告诉我们，面子从来不是别人主动给的，而是靠自己本事赚的。

外国著作《项链》中的女主马蒂尔德向人借了一串项链参加晚会，不幸弄丢了，结果用了十年时间去偿还，悲惨至极。若没有达到一定实力，却要打肿脸充胖子，把时间和精力都用在面子上，那你注定要疲于奔命，没有时间让自己变得更有能力。

比尔·盖茨说："在你成功之前，不要太在意自尊。"你如果要面子，就会攀比、逞强，它对你的负面影响多于正面。马云没成功前，别人说看他长相就是一个坏人，但他成功以后说的话都是名言。比面子更重要的是"里子"，应该尽力提高自身的综合素质和实力。请记住，成功以前，你什么都不是。

浪费时间玩面子游戏，不如专注目标，抓住机遇，创造未来，暂时放下面子，有了里子，别人才会给你面子。

抛开那些俗气的虚荣心

"炫富"就是希望别人知道你过得有多好，让别人羡慕自己，说到底不过是虚荣心作祟。朋友圈中常出现这种动态：到高级餐厅吃饭，必拍照发朋友圈；外出旅游住五星级酒店，赶紧发个朋友圈告知天下；还有"套路型"朋友圈，比如在车里吃泡面，泡面旁边的方向盘上故意露出法拉利的标志……

甚至有人出国旅游，就是为了发个朋友圈，把机票、异国风景、定位发出来，以赢得赞和评论。渐渐地，花钱不是为了商品本身，而是花钱给别人看。有钱人炫高品质的日常生活，没钱的人怎么炫？网上爆料很多在朋友圈出现的豪车、豪宅，各种旅游照片、短视频，只要几十元就可以搞定，也有人伪造身份，甚至行骗、盗窃、挪用公款……

著名主持人窦文涛在《圆桌派》里说："中国发展实在太快，整个社会都在为经济增长做贡献。大家都觉得钱赚得越多，人就越成功，高速转动的社会让我们都变浮躁。"

王子赫在广告圈里混，年收入 20 万元，经常要跟高级客户打交道，需要有派头，每个月会到高级发廊花几千块做造型，衬衫、外套大多是华奴天伦、阿玛尼……有一次年末时 PS 了一份超过 200 万的年度消费账单，刚发到朋友圈，便引发一众朋友点赞。"男神大人，收下我的膝盖。""可以啊赫总，这么多同班同学，就你混出名堂了！""哥，还缺女朋友吗？"……

自从发了那个朋友圈后，他收到了很多亲戚朋友的问候，大都是来借钱的。小姨打电话找他借钱买房子，张口就借 10 万；堂妹想借钱开餐饮店，借 5 万；表哥借钱买车，借 5 万；同事要借钱整容……最后王子赫暗暗叫苦，但又不愿打自己的脸，硬是从信用卡里套钱借出去，钱包开始干瘪，自己陷入了财务危机中。

一百多年前，经济学家凡勃伦就提出"炫耀性消费"概念："人们通过购买象征富人的物品，来彰显自己的财富、地位。"一百多年后，人仍然能通过美化自己的网上形象，展示理想化的自己，以此获得关注认可，不惜付出惨重代价。

朋友圈炫富的"伪富人"就是受虚荣心理影响，其实可以理解，谁都有新奇感、自尊心和自豪感。有很多批评言论认为，炫富不能完全代表富人生活，现实生活中真正的富人精英，都在为了财富和生活奔忙，哪里有空炫富。国外商业杂志报道，富人的钱花在了"无形消费"上，比如教育投资，即使他们购买几万块的奢侈品，也是觉得物品的价格与自己的身价相配，并不是为了单纯炫耀。

真正享受生活，朋友圈也并不是为了晒给别人看的，注重生活的人往往拥有细腻的感知能力，这种深植于生活的照片，才是稳稳的"炫富"。这个世界上最缺的就是时间，那些在朋友圈拥有空闲小时光的人，才是"炫富"实力派！有些人物质生活很富裕，但是没有自己的时间，导致精神世界很贫穷。

经过多年打拼，杨一川身家过亿，作为普通人眼中的富豪，他很低调，生活极其简单。有时候朋友们打开他的朋友圈都会有疑问，亿万富豪为什么从来都不在这里"炫富"？他究竟过得怎么样？

在杨一川的朋友圈中，出现最多的就是分享日常的小事、心情，朋友们经常看到的是满满一书架书，要不就是在清晨醒来，吃一顿优雅丰盛的早餐，在午后时光喝一杯香气浓浓的咖啡。

真正的有钱人不会在意衣着，不是说不讲究，而是他们对于名贵衣服、奢侈品不会太在意，不会出于虚荣心理把这些东西发到网上去。很多有钱人不缺奢侈品，干净得体就行，更不会天天穿金挂银；相比没有钱的人，只会把那些名牌视若珍宝，天天发朋友圈里给大家看。

真正的有钱人和炫耀的人之间有一个区别，那就是到一个新地方的反应。许多人到一个新地方，就会在朋友圈里打卡晒照，这一点上有钱人打卡的地方大多数是一些五星级酒店，盛赞五星级酒店服务周到，大大节省他们时间。因为对于有钱的人来说，各种新奇的奢侈就像普通人天天吃盐一样常见，根本不足为奇，他们唯一需要的是时间。

朋友圈"炫富"的同时，肯定会出现一些"仇富"心理，"这张照片有水印，网上找的吧""你这美颜太夸张了""一看你晒的东西就是假的"……总之，在朋友圈"炫富"，不是给自己找不快活，就是给别人添堵，还是专注于自己的小生活就好。

修养比奢侈品更能提高气质

有个有趣的现象是，很多消费者是普通收入人群，只要买了奢侈品，一定会让身边所有的朋友都知道自己买了奢侈品，即使自己买的是假货。好面子的人确实会为奢侈品花大钱，哪怕对某个品牌的认同度并没有那么高，即使不爱 LV，不爱 Prada，也会想方设法搞几个。人们对奢侈品的这种疯狂追求，其实就是"要面子"。

要面子的同时，我们需要理性思考自己是否真的"买得起"，月薪 5 千，吃土两三个月或者刷爆信用卡买了一个爱马仕限量款，这不叫买得起。真正买得起是你轻轻松松就拥有购买的能力，买个名牌丝毫不会影响生活品质，否则就是在给生活加压，用一时的"面子"换来长久的痛苦。

林海峰和妻子都是工薪阶层，妻子每个月工资到手五千不到，林海峰每个月收入又不稳定。当他知道妻子花了半年工资，找人代购了一个奢侈品包以后。林海峰说："咱们家庭的收入状况离'土豪'还很远，目前还有房贷，明年还准备要孩子，都需要花销。你月薪不到五千，背个三万块的包，我实在想不明白，背个名牌包，兜里没剩钱，这种生活能好吗？"妻子解释道："每次出去，闺蜜们都佩戴着奢侈品，就我什么都没有，总不能一直被人比下去吧。再说了，结婚这几年来，不就买了这一个包嘛。"最后夫妻俩为此大吵一架。

用奢侈品来提升面子是很多人的想法，但奢侈品的高价格需要我们量力而行，不要为了面子而透支消费能力，其实，它也仅仅是生活用品。在《富爸爸穷爸爸》中，有钱就去买是"负债"，譬如车子、奢侈品，入手就开始贬值。而财富达到一定程度，不过是买点奢侈品当日用。

超级名模米兰达可儿逛街时，提着的爱马仕包包通常塞得鼓鼓的，没人会想到这么名牌的包里面全都是婴儿用品，但是她觉得这没有什么不妥，包本来就是用来装东西的，只是皮质和设计感稍微好点，仅此而已。

苏瑾想买一套名牌化妆品，因为现在闺蜜们都在说："买的不是奢侈品，是更好的人生。""什么都嫌贵，别人就嫌你便宜。"她纠结犯难，不知道到底买还是不买。

她想起了一件事，女同事赵艺琳月入刚过一万元，在上海这种地方每个月都过得紧巴巴的，省吃俭用大半年，终于买了一件奢侈品。刚开始，赵艺琳发的每一条朋友圈都会不经意显摆一下。

为了面子过度消费后，赵艺琳要分期还好几张信用卡，几乎透支了今后半年的工资，由于顶不住房租和生活压力，赵艺琳只好辞职回家。

苏瑾想了一下自己辛苦好几个月拿下的单子，提成2万，如果只为买一套奢侈化妆品，好不容易周转开的现金流又将面临危机，最终理智地打消了这个念头。

　　高额消费，看似一时获得了虚荣心和面子，但是无形中消耗了生活品质，背了个包袱在身上。这并不是反对消费，而是说在买奢侈品这件事情上，要量力而行，看看自己是否真的"买得起"。

　　追求好的生活品质并没有错，然而需要认清你追求的是好品质，还是奢侈品背后的附加价值。或许我们也曾为买一件奢侈品而"月月吃土"，可只学会了富人们挥金如土，却没有学会他们日赚斗金。

　　与其盲目地追求一些名牌，不如把时间花在创造财富上，想着怎么丰富自己。有趣的灵魂、开阔的眼界、聪慧的头脑……这才是最奢侈的名牌，它们的价值决定了你在别人心中的标价。

　　当处于自我升值的黄金期时，不要轻易跪倒在奢侈品的附加值面前，不要相信包包上的几位数就代表了自己的价值，不用追求商业 Logo 带来的自尊与面子。

　　一个真的有能力、有才华的人不会活在别人嘴巴上，别人也不会因为你拿着 LV 包包就敬重你，也不会因为你素衣布鞋就看不起你，活出真自我，实现真自我，自然没有人能驳倒你的面子。

非要拥有豪车大房才有面子吗

如今的汽车已经不是单纯的代步工具，更多的是车主身份地位的象征。出去谈生意开百万级车，肯定会受到不一样的待遇；过年回老家，开一辆奥迪与开一辆奥拓，亲戚朋友对你的看法肯定截然不同。许多人为了面子，往往买一辆豪车，但是真的只有买了豪车才有面子吗？

Facebook 创始人马克·扎克伯格，一个 80 后年轻人，自 2004 年创业至今，目前身家 334 亿美元，但是他从来不用钱财来彰显颜面和地位。他没有豪车，衣着朴素，平时出行没有保镖，没有随从，他日常出行开着一辆价值十万元人民币的本田飞度，他最贵的座驾也仅仅是 3 万美元的讴歌 TSX。

在国内，20 来岁开飞度没人会说你什么，可是如果若干年后你还没有换一辆更好的车，旁人就会窃窃私语，讥笑你混得不好。很多人都存在一种"畸形"消费心理，买车的时候向来只关注品牌和外型尺寸，不愿意买一辆给自己"丢脸"的车。我们习惯了以车的大小来评价一个人的价值，小车就是廉价车，大车就是高级车，这是一种虚荣、好面子的消费观念。

小车比起大车，并非一无是处，在欧洲，小车的销量最高。这是因为欧洲很多城市街道狭窄，停车不便，而且油价高。相比大车，一辆小车开起来灵活，而且停车面积小、油耗低。试想，国内很多城市交通拥堵、停车位少、油价高，如果驾驶一辆小车也相当合理，不仅代步，更是来去自如。

什么是面子？就买车来说：面子大于一切，哪怕吃泡面也要开豪车，能买丰田霸道，绝不买小奥拓，为什么？丢人。人们买车往往很注重面子：某朋友开什么样的车，我总不能比人家差吧。其实这类购车观随着时代的发展愈发少了，车主们越来越注重车的性能、舒适度、性价比等。

同学聚会上，有人开玩笑对李云强说："老李啊，十年前你就开着这破车，现在还舍不得换，可见你混得可不怎么样啊。"李云强老脸通红，实在没法回答。从聚会回来后，他一脸生气，嚷嚷着要买个好车，要不然以后在朋友面前太没面子了。

妻子看到老公这么生气，安慰道："咱们这辆车虽然买了十年了，但是各方面性能都还挺好，当时买的时候也是品牌车，怎么就丢人了呢？再说了，这车本来是用来开的，又不是用来比的。"

妻子的一番话让李云强稳下了心神，他分析道："现在买辆好车还得一大笔钱，而且买回来之后的费用也很多，如今车降价空间那么大，现在着急买了，将来可能会亏很多，何况咱家的车确实还挺好用。"从那以后，李云强再也不为车的事而觉得伤面子。

买了好车后，发现除了聚会时有那么点优越感以外，其实并没有带来什么实际作用。反而车险、保养、维修以及每年损耗，都成了一笔不小的费用，对于经济不宽裕的人来说，买了好车以后肯定会后悔。

除了好车，大房子也一直被我们奉为争面子的工具，在电影《大腕》中有一个非常经典的桥段，一位精神失常的房地产商，介绍他在中国成功打造房地产的经验："你要了解中国消费者的心理，他们的口号是：只买贵的，不买对的。"

如果不量力而行，非要强求房屋面积，跟别人互相攀比，最后的结果必然是房贷压在身上，严重降低了生活品质。买房不是为了面子，对女人来说，房子是安全感，对老人来说，房子是养老保险，更多人买房是为了有一个家，而不是当成比较的砝码。

陈友谅刚搬进自己的新家，一户二居室楼房，而同一天，他的朋友却在市中心购买了一栋别墅。虽然是乔迁之喜，但是看着朋友圈里的信息，他仍然有点不顺心。媳妇孙雪莉看出了他的心事，心平气和道："咱们是工薪阶级，人家是大老板。咱们这两居室，孩子住一间，咱俩一间，小家住起来也挺温馨。"

餐桌上聊天少不了房子，但不要把面子和房子扯上关系，不要为了很有"面子"，不顾一切花大价钱，不妨看看自己的腰包，再想想日子才是自己的，买大房子还应量力而行。

买车、买房够大才够档次，才能体现面子，比如，某经理换大车，原因是之前的车太小，做业务不好谈；某上班族贷一大笔款换了大房，原因是邻居们认为自己事业不成功。

　　说到底，车就是一个代步的工具，是为人服务的；房子再大，你不也是睡一张床吗？

　　如果你真是一个有能力有才华的人，别人不会因为你开奔驰、住别墅就高看你，也不会因为你开奥拓、住平房而轻蔑你。如果的确有经济实力，买辆好车、买个好房无可厚非，如果经济不允许，仅仅为了面子而让自己负债累累，不如不买。

做力所能及的事情，享受应得的福气

巴菲特说过一句话："不做能力之外的事情。"是工人就先做好工人的事情，是农民就要种好地，是军人就先当好兵……不要为了面子而逞能，如此，才能由缓至极，循序渐进，最终实现更高的目标。

赫赫有名的钢铁大王安德鲁·卡耐基有一句座右铭是"做最好的本身"。他从事过很多职业，12岁时是一家纺织厂的工人，他始终认为自己的能力只能做工人，所以一心一意在基层打拼，没有像其他人那样争着升职向上爬，最后成了全厂最出色的工人。后来他当邮递员，没有想着如何开邮递公司，在送邮件的岗位上成了全美最杰出邮递员。

安德鲁·卡耐基毕生都在自己能力范围内的岗位上戮力而为，正是这种不争上游、力争下游的精神，为他以后的成功打下了基础。

一位英国主教的墓志铭上写着这样一句话："我年少时，意气风发，梦想去改变世界。当我渐渐年事增长，才发觉已经无力去改变世界，于是我先决定改变我的国家。虽然目标仍然巨大，但当我步入中年，去试图改变最为亲密的家人时，没想到事与愿违。他们还是老样子。当我垂垂老矣，终于领悟到一些事情，我应该先改变自己，再去影响家人，也许下一步我就能改变我的国家，甚至最后我可以改变世界。"

每个人都只追求属于自己的目标，做力所能及的事情，人生才会更加轻松愉快，才能得到真正的快乐和幸福，然后得以进步，最终做出一番事业来。如果此时你并不幸福，反省一下自身，是不是"眼高手低"，正在做一些超出自己能力范围的事，如果是，请摆脱它。

一位画家出名后，收获了许多财富，他并没有为此而更开心，反而整日活在忙碌中，情绪郁闷不已，于是画家去请教一位禅师。

画家言道："我出名后，就觉得工作越来越忙，生活越来越累，幸福感大不如以前，这是为何？"禅师问："你现在每天在忙些什么呢？"

画家回答："我现在一天到晚要交际应酬，接受各种采访，同时还要画画。"禅师听后，打开衣柜，对画家说："你将这些华美的衣服都穿在身上，就能找到答案。"画家说："师父，我自己这身衣服就足够了，将这些衣服都穿在身上，肯定很沉重，不舒服。"禅师说："你知道自己身上的衣服已足够，再穿更多衣服会感到沉重。同样道理，你是一个画家，并非交际家、演说家，更不是政治家，为何要去做交际家、演说家、政治家的事呢？"

画家恍然大悟："每人都只能追求属于自己的东西，做力所能及的事情，为了自己面子荣耀而踏足不属于自己的领域，怎能不累啊！"

不必看轻自己，但要认清自己，相信自己独一无二，也要学会做力所能及的事。不要羡慕模仿别人，认清自己的专长，选择适合自己发展的目标，

充分发挥潜能，必能让自己走向成功。

卡罗尔读高中时，有一天，老师把他叫到办公室，对他说："卡罗尔，你的成绩并不理想。"

"我一直很用功。"卡罗尔回答道。

"问题就在这里，你一直很用功，进步却不大。你再学下去，恐怕就是浪费时间了。"

卡罗尔捂住脸："爸爸妈妈一直期望我上大学。"老师拍了拍卡罗尔的肩膀说："人有各种各样的才能，工程师不懂乐谱，有的画家背不全九九表。当你发现自己特长的时候，父母会为你骄傲的。"

卡罗尔再没去上学，他替人整理园圃，修剪花草，不久，小伙子的手艺被人注意到了。凡经他修剪的花草出奇地美丽，人们常常请他出主意，把门前的空地精心装点，经他布设的花圃令人赏心悦目。

他凑巧来到市政厅后面，注意到有一块垃圾场，便上前问市政参议员："先生，你是否能答应让我把这个垃圾场改为花园？"参议员说："市政厅缺这笔钱。"卡罗尔表示："我不要钱，只要允许我办就行。"

当天，他拿了几样工具，带上种子、肥料来到目的地，一些热心的朋友送来一些树苗；一些相熟的顾主请他到家里的花圃嫁接玫瑰花，有的提供篱笆，城里一家家具厂立刻表示要免费承做公园里的条椅。不久，垃圾场变成了美丽的公园，全城的人都在说一个年轻人充满才干，公认他是一个风景园艺家。但是卡罗尔还是没学会说法国话，也不懂拉丁文，更不懂微积分，但色彩和园艺技术使双亲感到了骄傲。

"量体裁衣，量力而行"，有些压力完全来自好面子而认不清自己，做事之前，应该考虑是不是能做到，而不是考虑在别人眼中有面子。只有好高骛远的人才会不自知的"迎难而上"，最后撞得头破血流，有时候认清自己，仔细衡量与理想高度是否匹配，能让自己从另一条路上获得成功，自然赢得他人的尊重。

月光族的"光环"你要戴到何时

一对小情侣浑身潮牌,打扮非常时髦,女的对男的说:"你付吧,我这个月的信用卡额度满了。"之后就是两人关于某款软件可以放款的话题。在这家高级餐厅中,一小块糕点几十块,咖啡 60 块一杯。付完账后,两人还不忘将刚才拍的"高品质生活"照片发朋友圈。

明明买不起东西,偏为了面子去透支消费,显示自己高人一等,明知都是攀比、虚荣、要面子,但就是改不了。很多都市白领都是"月光族",光鲜亮丽的背后,消费是因,光鲜负债是果。可名牌衣着不能代表一个人的幸福,幸福不是越多越好,而是恰到好处。

亦舒说过:"真正有气质的淑女,从不炫耀她所拥有的一切,她不告诉人她读过什么书,去过什么地方,买过什么珠宝,因为她没有自卑感。"人哪里匮乏,就会显摆哪里,越是缺什么,越要显摆什么。

侯仲平是一位"月光先生",在一家外企分部任部门经理,不算奖金,年薪 40 万元。在常人眼里,他穿名牌西装,开奔驰车,出入高档场所,风光无限。可是每月薪水还不够花,年终不但没有攒下一分钱,而且还欠了一大笔贷款。

原来，侯仲平觉得自己收入颇高，自我感觉良好，俨然一位成功人士，要享受人生，至少过上富人生活。于是贷款买奔驰车，租高级公寓，喝法国香槟，去西餐厅吃饭……

以往说一个人穷，是因为他赚钱少，现在赚钱多的人仍然穷，不是因为挣得少，而是挣得多，花得更多。摆阔、要面子、虚荣心消费，财务上入不敷出，甚至负债累累。

很多"月光族"往往是高薪者，而有些低收入者却能存下更多钱，低收入者往往很节约，对于奢侈品的需求较低，他们更注重真实简单的生活，不会为了面子、虚荣心去攀比消费。

李若婷是一名会计，月入4000元，她和老公每个月的收入加起来也没有过万，但每月至少有3000元存款。李若婷中午吃单位食堂，晚上坚持在家做饭，夫妻俩每月伙食费不过千元，孩子中学住校也花不了多少钱，除去房贷、水电气和意外开销等费用，仍然能剩下一笔。

她在网上买东西时，也经常考虑"二手"货、打折品，里面不乏好东西，偶尔还能获得现金券，李若婷总能耐心去挑选，从中节省一大笔钱。李若婷常说："我们一家很幸福啊，没有因为收入低而过得很辛苦，也从没有因为收入多少跟朋友比较，自己知足就好。"

"月光族"已经为数不鲜，更有"月光族"进化到"月负族"，每个月领到薪水，前半个月逛商场，花钱的时候很潇洒，为了撑面子，大方请客吃饭，花钱如流水。后半个月生活费都成问题，不得不向父母、朋友求援。怪谁呢？花呗？白条？信用卡？手机支付？贷款？要怪就怪虚荣心，怪自己没有掌管好财务。

"月光族"的生活方式不可取，不管收入高低，都不能为了"撑门面"而"月光"，不如从现在开始合理规划工资，做到有备无患。

防止"月光"的方法很多，首要的就是改变消费观念，放弃"面子"消费。很多人认为人生在世及时享乐，要赚钱也要花钱，殊不知欲望永不停止，即使收入提高也不能解决这个问题。如果你能稍微节省一点，把不该花的钱存下来，去做更有意义的事情，生活就不只有眼前的苟且。

观念转变后，行动也要跟上，学会记账，其实就是收集数据。然后分析大头开支在哪里，哪些钱可以减少，哪些钱必须花，可以消费分类：必要消费、需要消费、想要消费。必要消费如：衣食住行；需要消费用来提升生活品质，比如，报个健身房，定期出去旅游；想要消费可以理解为欲望、面子、攀比，比如，看到别人的名牌包包、化妆品、手机等，自己也想要。

实际情况合理掌控，比如，天天熬着夜，反而寄希望于昂贵的美容仪，不如坚持好的睡眠、饮食、运动。将想要消费作为心愿清单，合理进行财富规划，当储蓄资金达到预估时，就可以去实现。

解决"月光"并不难，难的是改变消费观念，试着摆正消费心态，走出"面子"误区，摘下月光族虚伪的"光环"。

世界上有太多的人为虚名所累

法国启蒙思想家卢梭有一句名言："人生而自由，但却无往不在枷锁之中。"很多时候，人的自由是被内心的虚荣、贪念以及自我膨胀的骄慢所束缚的，为了一丝虚名，从来只活在别人的眼里，终日忙忙碌碌、患得患失。

追求虚名在短时间内能给人巨大的刺激和快感，之后马上烟消云散，人们常常为了满足虚名而费尽心思，不断给自己增添烦恼和迷茫。

为了让7岁的孩子能够参加儿童电影"角色"选拔，陈宇花了三万元报名费，拍摄后发现孩子仅有两三个镜头、几句台词，除了自己孩子，前面还有多名"主演"，这就像某些影视剧中，"主演"不止一名，前面还有若干名"领衔主演"。

这个"名"虽然是个虚名，但是利用者抓住了被利用者的虚荣心理，比如，普通班更名为"重点班"，实验班更名为"火箭班"，说出去，老师、学生、家长脸上都有光，尽管有点自欺欺人。除了从别人那里得来虚名，还有很多人擅长"自我加封"。

任富强是一家大公司的 HR，最近公司成立了一个新部门，需要招一位总监，众多面试者中有一个年轻人，背景和经验都比较符合。

面试时，这位候选人首先递上一张名片，然后开始介绍自己，任富强看到名片两面加起来写着不少头衔，旁边还有一行手写小字，备注着最新获得的荣耀。各项殊荣让人羡慕，但是他的专业知识介绍让所有人都大跌眼镜：缺乏逻辑、漏洞百出，而且张口就要求月薪不得低于几万块。

任富强不禁心中摇头："待过大牌公司，辉煌案例无数，可一轮面试下来这么不经推敲，要这么多虚名有什么用。"

确实有一大批只存在名片上的"大神"，他们的履历充满成功，"投资总监"、"客户总监"、"资深顾问"，掏名片的过程就完成了对身份的介绍。这些人的共同点是特别能忽悠，而真正有实力的人从不在名片上炫耀虚名。

在央视综艺节目《朗读者》中，96 岁翻译家许渊冲老先生上台给了主持人一张名片，名片上只有地址、电话和名字，没有任何职务介绍，许老先生说："我的名字比名片还响一点。"

人在虚名、身份面前，容易失掉理智：原来我这么厉害，事实是你并不厉害，而是傻。人生最好的状态就是活得坦荡、真实，不为虚名所累，在这一点上，季羡林先生的为人处世最令人钦佩。

20 世纪 70 年代，一位北大新生前来报到，他好不容易找到报到处，注册、分宿舍、领钥匙……手忙脚乱之余，还要照看大包小包的行李。此时恰巧看到一位老头提着塑料兜经过，老头神态从容，一点也不忙。

这位新生以为老头是保安，便请老头帮忙看一下行李，老头欣然答应。新生忙完已过正午，一路跑过去，发现老头一边看书，一边等着自己。次日开学典礼，那位新生发现看行李的老头竟然坐在主席台上，竟是北大副校长季羡林。

1999 年，季羡林 88 岁，各路来宾为他祝寿，致辞结束后，季羡林说："我坐在这里很不自在，耳朵在发烧，脸发红，心在跳。听大家说的话，不是在说我，说的是另外一个人。"以此来表示对各种褒奖的不在乎。晚年，"国学大师""学界泰斗""国宝"等名声接踵而至，对他来说不但不欣喜，反倒是压力，他曾"三辞桂冠"。

一辞"国学大师"，他说："环顾左右朋友，国学基础胜于自己者大有人在。这种情况下，我竟独占'国学大师'尊号，岂不折煞老身。"二辞"学界泰斗"时说："这样的人，滔滔天下皆是也。但是，现在偏偏把我'打'成泰斗，我这个泰斗又从哪讲起呢？"三辞"国宝"时说："是不是因为中国只有一个季羡林，所以他就成为'宝'。但是，中国的赵一钱二孙三李四等也只有一个，难道中国有 13 亿'国宝'吗？"

后来季羡林说："三顶桂冠一摘，还了我一个自由自在身。身上的泡沫洗掉了，露出了真面目，皆大欢喜。"

为人要心底坦荡，不为虚名所累，才能把握好自己心中的方向。还有多少人为虚无缥缈的东西所累呢？为一丝虚名而一直活在别人眼里，盲从和迎合，折腾的是自己的身心。不如做一名内心强大的"扫地僧"，把眼光收回来，看淡外在得失，就算再辛苦，也可以很快乐。

敢于拒绝，做不到的事情不答应

你比较好说话，于是这个同事找你做个表格、PPT，那个同事请你代半天班，而你还有自己的工作，为此每天忙得焦头烂额；你是个医生，这个亲戚请你帮孩子看看症状，那个朋友托你安排个专家号，而你不过是个小医生，根本没有那么大的权力；你是个领导……

日本小说家太宰治在《人间失格》中写道："我的不幸，恰恰在于我缺乏拒绝的能力。我害怕一旦拒绝别人，便会在彼此心里留下永远无法愈合的裂痕。"生活中总有很多迫不得已的事情，大多都是别人的请求，其实心里不愿意去做，但是碍于情面却又不好意思推却，只好硬扛下来，打掉牙往肚子里吞。

郭冬临在小品《有事您说话》中扮演一个不会拒绝别人要求的人。为了不让别人说自己无能，自己搭钱帮人买高价票，答应别人扛500斤白菜上6楼，但是后来自己不在，对方来找的时候，是老丈人帮忙扛上去的。为了自己的面子，他不敢拒绝别人的要求，甚至是答应一些超出自己能力之外的事情，一句"有事您说话"，害苦了自己和家人。

毕淑敏谈到拒绝的时候说："拒绝就是一种权利，你那么好说话，又有谁能体谅你？生活本就不容易，很多时候，你舍弃了自己宝贵的时间，却被那些利用你善良的人们压榨，于他们而言，你所做的事都不值一提。"

为了面子做一个老好人，不会让别人知你好，只会让人得寸进尺，提出更无理的要求。有一个人在路边遇到一个乞丐，他看着乞丐非常可怜，给了乞丐 10 块钱，第二天又给了 10 块钱，如此持续了一段时间。有一次他要打车回家，没有给乞丐钱，结果乞丐大骂："你居然用我的钱去打车。"

世界上就有这样一种人，把你对他的好看作理所当然，丝毫没有看到你帮助他时付出了多大的努力，如果突然有一次做不到，你之前所有的付出就全然不是。这只能怪你凡事不会拒绝，久而久之，人家自然看轻你的好，让这份人情成为日后对你的诟病。

为了面子，我们会为答应的难事而苦恼，最终没有做到，却并不会得到别人理解，如果在帮忙的过程中出了问题，还要自己承担。《欢乐颂》中，关雎尔答应帮同事做剩下的工作，因为工作中有错误，被领导臭骂了一顿，还得花时间重做，而这个错误出现在同事已经做完的那部分里。

作家三毛曾经说过这样一句话："不要害怕拒绝别人，如果自己的理由出于正当，因为当一个人开口提出要求的时侯，他的心里根本预备好了两种答案，所以给他任何一个其中的答案，都是意料中的。"每一个拒绝都有价值和理由，不必纠结的心累，学会拒绝别人是爱自己的开始。

《家有儿女》中有一个关于拒绝的情节，刘梅家新搬来一家邻居，这对邻居夫妇不管家里缺什么，总到刘梅家里借，借完不还。因为邻居的女儿和刘星是同学，为了面子，刘梅和夏东海不好意思拒绝，又没法张口去要，这让邻居越借越多。

小雪深明事理，当邻居阿姨跟她借杂志时，小雪严肃地说："我不能把它借给你。"让邻居阿姨碰了一鼻子灰，本来小雪以为爸妈要批评自己，结果他们俩向小雪请教如何拒绝别人，后来小雪找邻居要回了之前借出去的东西，让父母摆脱了苦恼。

不好意思拒绝，原因是担心拒绝让对方心里不舒服，一旦对方把不舒服感表现出来，我们就会为此不安。拒绝让人不舒服往往取决于我们拒绝时的态度和语言，而非拒绝行为本身。因此选择合适的拒绝语言，表现出友好态度，更能让别人感受到我们的尊重和拒绝的苦衷。

比如，一位不怎么熟的朋友求助于你，但是在这件事上，你并不想帮，在一开始可以说："请问有什么事呢？""请"字所透露出的尊重能有效减少对方被拒绝后的不舒服感，也能缓解你的不安。多尝试从"我"的角度来陈述，因为"我"的句式能减少语言中的攻击性，把情绪改成事实。

当被清晰拒绝后，因为期待被辜负，对方一般都会感到失望。没必要因此而难过，如果就是觉得心里不舒服，可以提出一个彼此都能承受且可行的补偿方案。比如别人邀请你一起吃个饭，你在拒绝后可以补充一句："我这次不能去，下次吧。"

一开始明明是别人求我们帮忙，我们解释半天，反倒成了我们亏欠别人。在拒绝这件事上，想帮就帮，帮不上，就果断拒绝，越简单越好，简单明了拒绝对方，才可以洒脱不纠结。